咖啡制作

主　编　冉俊江　杨　瑞
副主编　黄　梦　吴建军　曹　辉
参　编　齐　娅　郑　诗　左　珊　王　静

机械工业出版社

本书根据咖啡师的工作任务、工作过程、工作特点，以能力培养为出发点，采用项目任务式的编写模式，是一本兼具理论性与实践性、科学性与艺术性、技术性与观赏性的新形态教材。本书包括7个项目，共有34个任务，从咖啡的历史和起源开始介绍，然后逐步深入探讨咖啡豆的品种、采摘工艺、加工工艺、烘焙过程、选取与研磨技巧、萃取方法，重点介绍5种意式咖啡、8种单品咖啡、3种创意咖啡饮品的制作方法，最后介绍咖啡健康与咖啡礼仪的知识。

本书附有咖啡制作微课视频，增加可读性和可操作性。本书从强化培养读者的操作技能、掌握实用技术的角度出发，全面地讲解当前各类咖啡制作的实用知识和操作技术。本书理论知识扎实易懂，操作步骤清晰，可作为职业院校旅游类、餐饮类专业的教学用书，也可作为咖啡制作从业人员的岗位培训参考书和咖啡爱好者的自学用书。

图书在版编目（CIP）数据

咖啡制作 / 冉俊江, 杨瑞主编. -- 北京 : 机械工业出版社, 2024. 9. -- ISBN 978-7-111-76469-4

I. TS273

中国国家版本馆CIP数据核字第20243088ZU号

机械工业出版社（北京市百万庄大街22号　邮政编码100037）

策划编辑：邢小兵　　　　　责任编辑：邢小兵　章承林

责任校对：樊钟英　薄萌钰　封面设计：马若濛

责任印制：李　昂

北京捷迅佳彩印刷有限公司印刷

2024年10月第1版第1次印刷

210mm×297mm · 10.25印张 · 241千字

标准书号：ISBN 978-7-111-76469-4

定价：47.00元

电话服务　　　　　　　　　　网络服务

客服电话：010-88361066　机　工　官　网：www.cmpbook.com

010-88379833　机　工　官　博：weibo.com/cmp1952

010-68326294　金　书　网：www.golden-book.com

封底无防伪标均为盗版　机工教育服务网：www.cmpedu.com

前言
Preface

咖啡作为一种广为流行的饮品，具有悠久的历史和丰富的文化，咖啡消费已经成为一种日常习惯。近年来，我国年轻一代逐渐认同咖啡这种简约、时尚的生活方式，进而转变成为一种消遣、放松的方式，咖啡业在我国得到迅猛发展。随着人们对咖啡的需求不断增加，咖啡制作的技术和艺术得到了更多关注，作为咖啡馆的灵魂人物——“专业咖啡师”也日渐紧俏。为了服务区域社会经济发展，努力培养咖啡行业紧缺的咖啡师人才，重庆市酉阳职业教育中心精心组织职业教育专家、优秀的专业教师、咖啡行业专家编写本书，旨在解决中等职业学校开设咖啡课程的教材需求问题，为咖啡企业培训咖啡人才提供参考，为咖啡从业者和爱好者学习咖啡制作的基本知识和制作技能提供自学教材。

本书根据咖啡馆主要岗位——咖啡师的工作任务、工作过程、工作特点，以能力培养为根本出发点，采用项目任务式编写模式，是一本兼具理论性与实践性、科学性与艺术性、技术性与观赏性的新形态教材。本书包括 7 个项目，共有任务 34 个，从咖啡的历史和起源开始介绍，然后逐步深入探讨咖啡豆的品种、采摘工艺、加工工艺、烘焙过程、选取与研磨技巧、萃取方法，重点介绍 5 种意式咖啡、8 种单品咖啡、3 种创意咖啡饮品的制作方法，最后介绍咖啡健康与咖啡礼仪的知识。以案例为指引，各任务包括任务目标、理论知识、任务介绍、任务实施、学习评价、实训练习等模块，教学目标明确，操作流程清晰，做学训评一体，让读者能够较好较快地掌握咖啡的知识和制作技巧。同时设置知识卡片、拓展阅读等栏目，介绍行业新知识、新工艺、新发展、新动态，拓展读者视野，提升教材的可读性、先进性。

本书实现了传统教材的系统性、全面性、科学性与新形态教材的可视性、互动性、丰富性的完美组合，引导学生系统地学习并掌握咖啡知识，通过对各个环节的详细介绍和实际操作演示，让学生能够全面了解咖啡制作的过程和技术要点。本书以职业院校咖啡课程教学为基础，以咖啡师岗位任务为导向，以技能大赛餐厅服务项目中的咖啡赛项为标杆，对接咖啡师资格证书培训内容，培养符合咖啡师岗位需要的专业技术技能人才。本书将线上线下教学资源紧密结合，图文并茂，配套了与学习内容相匹配的操作演示视频，扫描书中二维码即可观看。

本书是重庆市酉阳职业教育中心优质校和优质专业的建设成果，是重庆市中等职业教育现代学徒制试点项目《旅游服务与管理“工学结合、订单培养”现代学徒制人才培养模式改革试点》的建设成果，由重庆市酉阳职业教育中心冉俊江和重庆城市管理职业学院杨瑞共同牵头完成。冉俊江负责编写项目一，齐娅和郑诗负责编写项目二，吴建军负责编写项目三，黄梦和杨瑞负责编写项目四，杨瑞负责编写项目五，左珊和王静负责编写项目六，杨瑞和曹辉负责编写项目七。在本书编写过程中，编者走访了咖啡相关企业，得到重庆同辉投资有限公司世纪同辉大酒店、重庆国贸格兰维大酒店等合作企业的大力支持。同时感谢业内同行“经典咖啡”协会分享的图片和视频、李子精品咖啡学院等提供的相关场景，还要感谢重庆师范大学陈曙杰、孙天怡、曾涵林给予的支持和帮助。有了众多同行的支持与配合，才使得本书的内容更加充实和独特。

由于咖啡技术的日新月异和编者水平有限，本书难免存在一些不足之处，敬请各位专家学者及读者朋友批评指正。

编　者

二维码索引

目录
Contents

项目一

咖啡发展简史

项目提要

本项目共包含三个任务，从咖啡的起源与传播切入，了解咖啡的发展历程；掌握咖啡发展的特征；了解咖啡的国际组织和国际赛事，全面了解咖啡发展史。

项目内容

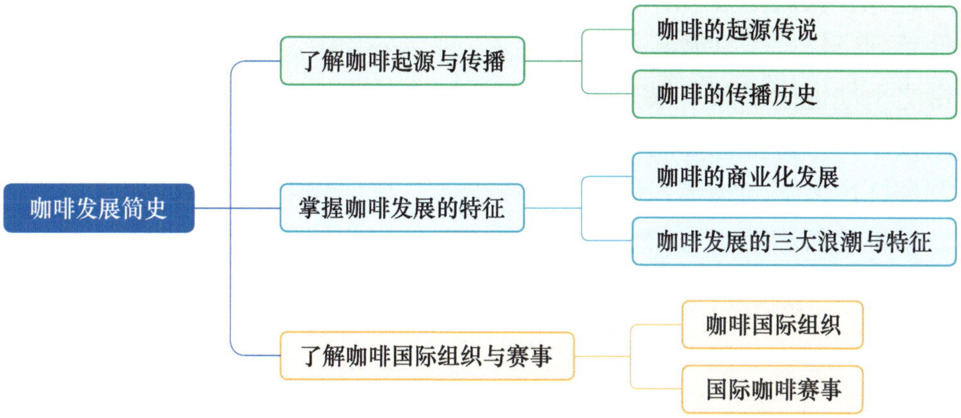

引入案例 初识咖啡

小陈是某中职学校咖啡专业的在校生，他非常喜欢咖啡的制作，并且想考取咖啡师资格证书，于是他在学习之余找了一份手磨咖啡店的兼职。咖啡店店长对咖啡有独特的情怀，只想招真心喜欢咖啡并愿意长期学习的兼职人员，因此店长给小陈出了几个问题，问小陈为什么喜欢喝咖啡，是否了解咖啡的相关知识，考取咖啡师资格证后还有什么目标。小陈突然发现自己对咖啡的了解太少了，对未来也没有明确的规划，但这也坚定了小陈要做兼职的想法，于是他回去查询了关于咖啡的知识，在了解了咖啡的发展历史后，小陈觉得自己与咖啡更近了一步。于是小陈又找到咖啡店店长，跟店长交流了自己对咖啡的认识与学习咖啡制作的决心。店长认可了小陈认真的态度，表示愿意给小陈一个机会，于是同意了小陈在咖啡店做兼职。

阅读思考：

1. 同学们认为在学习咖啡制作之前要掌握哪些知识？
2. 同学们认为咖啡发展史对学习咖啡制作的帮助是什么？

任务一　了解咖啡起源与传播

任务目标

- 了解咖啡起源传说，能够简述咖啡起源传说。
- 熟悉咖啡在各大洲的传播史并能熟练讲述。

理论知识

一、咖啡的起源传说

咖啡树与咖啡食用的起源被广泛认为在东非的埃塞俄比亚，而咖啡的起源时间可以追溯到几个世纪之前，这一粒褐色种子的诞生之初，充满了神奇的色彩。关于咖啡起源的传说，有以下三个版本：

1. 咖啡溯源一：牧羊人的故事

牧羊人柯迪某一天晚上发现，他的羊群已经在外面跑一天了，但到了晚上依旧活力充沛，活蹦乱跳，他感到奇怪，于是循着羊群的踪迹发现了一片嫩绿植物，上面结着大红色的圆亮亮的果实，好奇之下他也摘了两个果实品尝，没过一会他觉得一天的疲惫得到了缓解，精力也变得充沛。于是牧羊人惊奇地把他的发现分享给了当地人，于是这个红色的果实的神力就得到了流传……而发现红色果实的牧羊人传说是阿拉伯人，在记载中最早有计划栽培和食用咖啡的也是阿拉伯人，咖啡的名称被认为源于阿拉伯语“Qahwah”，意为植物饮料。

2. 咖啡溯源二：雪克·欧玛的故事

雪克·欧玛是一位十分受尊敬与爱戴的首长，某天他饥肠辘辘地走在路上，突然看到路边植物上的小鸟吃了树上的果实后活蹦乱跳，发出与别的鸟儿不同的、更为嘹亮悦耳的啼叫声，于是他上前摘了几个果子吃，没过一会就觉得身体恢复了部分力气。后来他采摘了许多果子带回住所，发现果实煮熟后的汤汁香味更加浓郁，且喝了以后能够驱散疲惫，于是他便采拾果实煮成汤汁，四处分发以帮助大家提高活力，帮助病人恢复健康，他的善行被四处流传，回到家乡后被推崇为尊贵的圣徒。这种果实也被他带回了家乡继续传播，传说当时的果实就是现在的咖啡。

3. 咖啡溯源三：圣哲贝特·马利安的故事

如果说前两个传说带着动物与人的和谐相处，第三种起源传说则充满了神话的色彩。著名的《咖啡创世纪》彩色壁画中描述了塔纳湖畔咖啡树的来历，传说圣哲贝特·马利安受到加百列天使的感召，在塔纳湖畔传教，使用权杖为当地百姓降妖除魔。某一天，加百列天使让贝特·马利安在塔纳湖畔播种咖啡、柠檬幼苗和啤酒花，于是贝特·马利安将他手中的权杖变成三种植物的幼苗播撒在塔纳湖畔，其中一种就是咖啡苗。因为塔纳湖畔有大片的野生咖啡植物，当地的人们对圣哲将权杖变成咖啡苗的传说深信不疑。

二、咖啡的传播历史

1. 咖啡的首次传播

目前，学术界普遍认为咖啡于公元6世纪最早被发现于埃塞俄比亚南部的卡法地区。最初当地人习惯用咖啡的果实来煮汤喝，或者把咖啡种子和动物脂肪混合起来充饥。埃塞俄比亚至今还保留着大量野生咖啡树种以及最原始的长颈壶煮咖啡的方式。后来，咖啡传到阿拉伯地区，起初被当作药饮，之后被制成了咖啡饮品，这种饮品以其独特的香气和浓郁的味道迅速收获人们的喜爱。据传，15世纪在阿拉伯地区，就已经出现了咖啡馆。

2. 咖啡传入欧洲

15世纪末的地理大发现将相对隔离的世界各地紧密联结，开启了具有跨时代意义的全球物种大交流，咖啡得以在更广阔的地域中流转。到了16世纪，咖啡这种神秘饮料引起了东西方商人的关注，欧洲开始与作为当时东西方贸易中心的奥斯曼帝国进行咖啡贸易。咖啡进入欧洲后，迅速被欧洲人所接受，一大批咖啡馆应运而生，咖啡迅速在欧洲普及并深入到人们的生活中。

3. 咖啡传入美洲

在咖啡进入美洲之前，咖啡多是在中东、亚洲、欧洲之间贸易流通。17世纪，咖啡在世界广泛流行起来。由于各国对咖啡的需求之大使欧洲殖民者认识到了咖啡种植的巨大利润，法国开始种植咖啡，并将咖啡种植地扩展到其殖民地——海地，咖啡种植也由此进入了美洲。之后巴西开始种植咖啡并发展成为咖啡生产大国。18世纪咖啡传入美国，此时，咖啡的传播范围基本覆盖了全世界。

4. 咖啡传入中国

关于国内的咖啡饮用历史，最早可追溯到晚清时期。随着国门的打开，咖啡开始出现在东部沿海城市。20世纪30年代，国内第一家咖啡馆在上海开设，起初是为了给在中国的外国人供应速溶咖啡，当时的上海人称咖啡为“咳嗽药水”，由于对新事物的不确定，加上茶叶在我国饮品中的统治地位，咖啡在国内消费并不多。改革开放后，随着越来越多的咖啡店入驻国内，手磨咖啡逐渐流行，咖啡市场随之迅速扩张。

议一议

你认为最初推动咖啡传播的因素有哪些？

知识卡片　世界上最古老的咖啡——也门摩卡咖啡

现今公认的咖啡发现地是埃塞俄比亚，而最早开始大规模种植咖啡的地方则是也门。当时的欧洲人使用商船与也门进行咖啡贸易，进行贸易的港口城市就叫作摩卡，欧洲人因此将远从也门进口的咖啡叫作摩卡来的咖啡，它的名字也就慢慢成为也门摩卡咖啡。现在，许多传统咖啡爱好者也都钟情于摩卡咖啡独特、香醇、令人着迷的味道。也门摩卡咖啡豆见图1-1。

图1-1　也门摩卡咖啡豆

任务介绍

请同学们熟悉咖啡在世界范围的发展与传播，以小组为单位相互介绍咖啡的传播历史，并尝试制作一张咖啡传播地图（可以手绘或者制成电子版）。

任务实施

步骤一：以5～6人为一组，互相扮演咖啡师与客人，咖啡师向客人介绍咖啡的起源传说与发展历程。

步骤二：请老师为学生准备B5大小的卡纸，学生以小组合作的方式尝试在纸上画出咖啡的传播路径地图，并将其粘贴在记录表中。

咖啡的传播路径地图制作记录表

任务名称	
小组成员	
传播路径	
绘制准备	
地图粘贴处	

学习评价

根据所学知识，进行任务实施，以小组为单位讲解咖啡发展历程并绘制咖啡传播地图，完成后进行师生评价。

评价项目	分数	学生自评（50%）	教师评分（50%）	总分
了解咖啡的起源传说	10			
能够熟练介绍咖啡传播历程	40			
能够绘制咖啡传播地图	30			
学习态度积极	10			
能进行团队协作、沟通顺畅	10			
合　　计	100			

拓展阅读　我国咖啡行业的新发展

在过去很长一段时间，我国咖啡行业多是外资品牌，速溶咖啡市场上雀巢、麦斯威尔占据较大份额；现磨咖啡中星巴克等咖啡连锁企业拥有庞大的消费群体；麦当劳、肯德基等快餐连锁品牌及便利店也均推出咖啡产品。

近年来，我国本土咖啡品牌迅速崛起，涌现出如Manner、Seesaw、三顿半等一系列国产品牌，如今咖啡赛道中新品牌纷纷涌现，创新层出不穷，整个行业竞争也越发激烈。我国的咖啡行业发展主要有以下特点：

1．价格带下行

一些中小企业租金、装修成本较低，保证利润空间的同时产品价格更低。典型的互联网咖啡馆多数位于重点的商圈、写字楼，主打外带，空间与人工基本做到极致“性价比”，从而使产品价格有了较大的下降空间。

2．多元化消费场景

写字楼、加油站、大学校园、机场、车站等场所已成为咖啡市场的第二增长点，由于其地理位置的特殊性，无论对于白领人群需求的快速响应还是学生人群的价格优先，均可较好地满足。

另外一个不可忽视的因素：外卖。互联网咖啡使得外卖及自取有效扩大了单店服务半径，提升了服务场景的想象力。外卖在一定程度上打破了空间与时间的限制，让喜爱咖啡的消费者，随时随地能够享受到美味的咖啡。

3．便利、快捷成为消费主题

SaaS（一种基于云计算的软件交付模式）企业的高速发展、小程序的广泛应用，有效实现了线上点单、线下自提，激发了快节奏生活中的便利需求。即点即走的消费形式也适合现在消费者的生活节奏和喜好。在上班路上下单，到店即取，让上班族和学生等消费群体既能喝到美味的咖啡，同时也不会耽误上班上学时间，一举两得。

4．跨界产品层出不穷

蜜雪冰城成立Lucky Cup幸运咖，推出新品“椰椰冰萃”，全国门店同步上线；CoCo都可茶饮成立咖啡新品牌CoCo Cafe；茶颜悦色新推出的咖啡品牌“鸳央咖啡”，主打新中式咖啡，首批5家门店集中亮相长沙五一商圈；更有邮政咖啡、李宁旗下NING COFFEE等多家跨界选手进入咖啡市场。

实训练习

1. 咖啡最早被发现的地区是____________。
2. 咖啡首次传播是在____________时间传播到了____________地区。
3. 欧洲通过____________港与也门进行咖啡贸易。
4. 咖啡传入美洲的时间是____________。
5. 咖啡馆首次在我国出现的时间是____________。

任务二　掌握咖啡发展的特征

任务目标

- 掌握咖啡发展的三大浪潮的时间段。
- 了解咖啡发展三大浪潮产生的原因。
- 明确咖啡发展三大浪潮的特征。

理论知识

一、咖啡的商业化发展

咖啡在埃塞俄比亚被发现之初只是被作为治疗病人与提神醒脑的药物使用，传入阿拉伯地区后作为宗教饮品和药物广泛传播，直到16世纪通过贸易传入欧洲后开启了商业化历程。17世纪，荷兰通过亚洲的海上贸易向欧洲市场售卖咖啡豆。咖啡在17～18世纪在美洲开始大量种植，18世纪后巴西成为世界的主要咖啡出口国。世界上最早的咖啡馆在麦加建成，起初它是为宗教服务的，但是不久后即变成了休闲、社交和娱乐场所；而真正意义上第一家商业化咖啡馆则诞生在欧洲，于17世纪40～50年代建立在威尼斯。此后，各个国家的咖啡馆则如雨后春笋一样大量建立。

二、咖啡发展的三大浪潮与特征

咖啡发展的三大浪潮与特征

咖啡发展的第一波浪潮（1940—1960年）：咖啡生产与需求量扩大，速溶咖啡占领市场，咖啡品质低，价格低廉产量大。

咖啡豆在巴西开始广泛种植以后的一百多年里，巴西都是世界咖啡生产大国，19世纪20年代左右，世界上几乎80%的咖啡来自巴西，巨大的咖啡贸易使得咖啡成为当时巴西的经济支柱。在此之前，各国普遍流行饮用新鲜咖啡豆煮成的咖啡饮品。随之而来的经济大萧条时期使得各国对咖啡的需求量骤然减少，巴西的新鲜咖啡豆大量滞销，给巴西的经济造成了巨大的伤害。大量的新鲜咖啡豆无法销售也无法长期保存，因此巴西政府找到了当时拥有先进研制机器的雀巢公司，通过7年的研制，采用喷雾干燥法与过度萃取，发明了可供长期保存的速溶咖啡粉。

由于咖啡具有提神醒脑与一定的止痛、亢奋、饱腹、补给能量的作用，在第二次世界大战时期，咖啡的需求量迅速扩大，饮用速溶咖啡的需求和习惯也一直延续到战争结束后。此时的速溶咖啡价格低廉，原料多是使用低品质的阿拉比卡豆和罗布斯塔豆，且通过多重程序干燥后的咖啡粉味道非常苦，速溶咖啡粉见图1-2。

图1-2　速溶咖啡粉

咖啡发展的第二波浪潮（1960—2000年）：深度烘焙与浓缩咖啡，连锁经营模式兴起，咖啡豆品质提高，咖啡味道更加香醇。

由于速溶咖啡的品质低、口味差，且大多通过添加剂来增加咖啡口感，不利于饮用人的身体健康，催生了咖啡向精品制作转变的第二波发展浪潮。1966年，一名荷兰籍咖啡师艾弗瑞·比特（Alfred Peet）在品尝到速溶咖啡后，决心通过技艺改变当时的咖啡口味，即通过对咖啡豆的深度烘焙提炼出其更加醇厚的风味，通过新鲜烘焙与现磨现泡保持咖啡新鲜的口感。另一位咖啡烘焙师俄娜·努森（Erna Knutsen）则发现由于咖啡产地的自然环境不同，生产的咖啡豆的风味层次也各不相同，由此提出要根据不同产地的咖啡豆使用不同的技艺制作咖啡，并在1974年明确提出了“精品咖啡”这一概念，精品咖啡见图1-3。此后，这两位咖啡师便成了第二波咖啡发展浪潮中的代表人物。这波浪潮同样带火了意大利式浓缩咖啡，通过在浓缩咖啡液中加入不同比例的糖和奶泡调节风味，便成了拿铁咖啡、卡布奇诺、玛奇朵咖啡等。

图1-3　精品咖啡

同时，艾弗瑞•比特（Alfred Peet）的三位徒弟将深度烘焙技术带到了美国，并创立了现在的星巴克。星巴克凭借深度烘焙的技艺、顶级的咖啡豆、独特的客制化服务与休闲社交的第三空间迅速开始了它在全球的扩张之路。

咖啡发展的第三波浪潮（2000年至今）：专注于咖啡本身风味，轻度烘焙，精品咖啡崛起，咖啡美学化。

第二波发展浪潮将咖啡带向了精品化与高品质，在此期间各地咖啡业人士发明了各种咖啡制作技艺与器具，为第三次发展浪潮的到来奠定了基础。第三波咖啡发展浪潮在咖啡口味的基础上更加注重咖啡本身，即咖啡豆本身因其产地的环境、气候、海拔等的不同所带来的不同口味，甚至对味道精确细分到了咖啡产区与庄园，并且主张采取轻度烘焙技艺以更多地保留咖啡豆本来的风味，尽最大可能体现出不同地区咖啡豆的香味、酸味、风味与能量。

随着人们生活水平的大幅度提高，人们对咖啡品质的需求也迅速提升，各种咖啡制作方式百花齐放，如使用法压壶、虹吸壶、皇家比利时壶等先进器具等，且更加注重客人的口味偏好与对客服务，在第三波发展浪潮中真正将俄娜•努森（Erna Knutsen）提出的“精品咖啡”概念宣扬开来。同时，重视不加糖和奶的黑咖啡，使用各种研磨与萃取方式充分发挥各产地咖啡豆的不同风味，虽然对不熟悉咖啡的客人来说可能区分不出味道，但是对于重度咖啡爱好者来说每一杯咖啡都是不同的地域体验。

以上三波咖啡发展浪潮显示了在咖啡品种的提升中，咖啡越来越重视美学化发展，重视地域的风味，技艺与器具越来越考究，冲煮手法不断提升等，在咖啡制作的上中下游都充分体现了咖啡美学化的科学内涵。

议一议

你最感兴趣的是咖啡的哪一个发展阶段？与同学讨论并说明理由。

知识卡片 咖啡豆的命名

在咖啡越来越流行的现在，咖啡豆的命名方式也多种多样。常见的命名方式有以生产国家命名，例如哥伦比亚咖啡、肯尼亚咖啡；有的咖啡豆精确到以产地命名，例如爪哇咖啡、哈拉奇咖啡；有的则以产地的山脉命名，例如蓝山咖啡、乞力马扎罗咖啡；品种极珍贵的咖啡豆则直接以其品种命名，如瑰夏咖啡。

任务介绍

请熟悉咖啡的三大发展浪潮及其特征，以小组为单位分别扮演咖啡师和客人，相互介绍咖啡的三大发展浪潮及其特征。

任务实施

步骤一：熟悉咖啡的三大发展浪潮及其特征。

步骤二：列举在第二波、第三波发展浪潮中具有代表性的咖啡。

步骤三：以小组为单位，以咖啡师和客人的身份互相介绍相关内容，并为客人推荐咖啡，将结果填入记录表中。

角色扮演任务实施记录表

任务名称	
小组成员	
任务准备	
对话要点	

学习评价

根据所学知识，进行任务实施，以小组为单位讲解咖啡发展三大浪潮及其特征，完成后进行师生评价。

评价项目	分数	学生自评（50%）	教师评分（50%）	总分
了解咖啡发展的三大浪潮	20			
熟记咖啡在各阶段的发展特征	20			
能够介绍各阶段代表性咖啡	20			
语言表达清楚，条理清晰	20			
具备团队精神与沟通能力	20			
合　计	100			

拓展阅读　星巴克

星巴克成立于1971年，总部位于美国华盛顿州西雅图。1992年，星巴克在纽约纳斯达克成功上市，从此进入了一个新的发展阶段。目前，星巴克在全球近百个市场拥有超过32000家门店。

星巴克于1999年1月，在北京中国国际贸易中心开设了国内第一家门店。对星巴克来说，我国目前已成为星巴克发展速度最快、最大的海外市场。目前，星巴克已经在我国250多个城市开设了约6500家门店。2009年，星巴克推出第一款含有我国云南咖啡豆的综合咖啡——星巴克凤舞祥云综合咖啡；2017年，推出第一款产自我国的单一产区咖啡豆——星巴克云南咖啡豆；2018年，星巴克中国首家咖啡原产地门店在云南普洱开业。

实训练习

1. 咖啡商业化发展开始时间是________。
2. 世界上第一家咖啡馆在________成立。
3. 第一波咖啡发展浪潮时间是________，特征是____________________。
4. 第二波咖啡发展浪潮时间是________，特征是____________________。
5. 第三波咖啡发展浪潮时间是________，特征是____________________。
6. 第二波咖啡发展浪潮的代表人物是________。
7. 提出“精品咖啡”概念的是______________________。
8. 第二波咖啡发展浪潮的代表咖啡是____________________。
9. 第三波咖啡发展浪潮的代表咖啡是____________________。

任务三　了解咖啡国际组织与赛事

任务目标

- 识别并熟悉各个咖啡国际组织的组织标志、成立时间及使命与职能。
- 了解咖啡国际赛事及比赛所需要的咖啡技艺。

理论知识

一、咖啡国际组织

1. 国际咖啡组织

国际咖啡组织（International Coffee Organization，ICO）是一个政府间组织，1963年成立于伦敦，由咖啡进口国和出口国组成，组织负责实施《国际咖啡公约》并致力于通过国际合作来改善世界咖啡产业的状况。国际咖啡组织的标志见图1-4。

2. 美国精品咖啡协会

美国精品咖啡协会（Specialty Coffee Association of America，SCAA）是世界上最大的咖啡贸易协会之一，专注于优质咖啡的贸易组织。SCAA致力于为追求咖啡“从种子到杯子”的卓越品质以及为优质咖啡的可持续发展提供一个共同的平台，建立咖啡的质量标准，规范咖啡专业人员技艺的认证标准。由SCAA确定的咖啡师评定标准和所颁发的咖啡师证书是世界上最权威的咖啡师认证之一。美国精品咖啡协会的标志见图1-5。

INTERNATIONAL COFFEE ORGANIZATION

图1-4　国际咖啡组织的标志

SCAA SPECIALTY COFFEE ASSOCIATION OF AMERICA

图1-5　美国精品咖啡协会的标志

3. 欧洲精品咖啡协会

欧洲精品咖啡协会（Specialty Coffee Association of Europe，SCAE），于1998年在伦敦成立，并在全球35个国家建立了SCAE的分会。SCAE是一个专业、民主、权威、富于创新并致力于咖啡培训教育的国际精品咖啡组织，是一个在全球范围内被各国际组织广泛认可的推广精品咖啡的组织。其开创的咖啡培训教育课程由世界咖啡行业的顶级专家编写，主打培训咖啡基础知识、咖啡生豆、咖啡烘焙、咖啡研磨、咖啡杯测和制作、咖啡师技能六大模块。欧洲精品咖啡协会的标志见图1-6。

4. 巴西精品咖啡协会

巴西精品咖啡协会（Brazil Specialty Coffee Association，BSCA），创立于1991年，是由巴西12家咖啡生产者组成的非营利性咖啡组织，协会旨在宣传巴西国内所有产区的精品咖啡及其市场发展。BSCA致力于促进巴西优质咖啡的生产与进步，推进产业透明化和持续发展，以满足不断增加的全球咖啡需求。巴西精品咖啡协会的标志见图1-7。

图1-6　欧洲精品咖啡协会的标志

图1-7　巴西精品咖啡协会的标志

议一议

你认为我国的咖啡协会要走上国际化道路，应该具有怎样的职能和作用？

二、国际咖啡赛事

1. 世界咖啡师大赛

世界咖啡师大赛（World Barista Championship，WBC），每年由世界咖啡协会（WCE，由美国精品咖啡协会与欧洲精品咖啡协会共同创立，是举办各项世界级咖啡赛事的先驱）承办。大赛宗旨是推出高品质的咖啡，促进咖啡师职业化。其参赛选手要先在各自国家的咖啡师比赛中取得冠军，才能获得进入世界咖啡师大赛的资格，参赛选手要在15min音乐声中以严格的标准做出4杯意式浓缩咖啡、4杯卡布奇诺和4种特色饮品。

2. 世界咖啡拉花艺术大赛

世界咖啡拉花艺术大赛（World Latte Art Championship，WLAC），每年由世界咖啡协会承办，是基于推广精品咖啡以及基于精品咖啡发起的专业咖啡大赛，是世界第二大咖啡赛事，是咖啡拉花艺术的最高级别专业赛事。参赛选手需要先在各自国家咖啡拉花比赛中取得冠军，才能参加WLAC的初赛和决赛，初赛需要在10min内完成自己设计的拉花作品，决赛需要制作两杯相同的拉花玛奇朵、两杯相同的常规拿铁和两杯相同的设计师拿铁。拉花艺术大赛作品见图1-8。

图1-8　拉花艺术大赛作品

3. 世界咖啡杯测大赛

世界咖啡杯测大赛（World Cup Tasters Championship，WCTC）是由专业的咖啡品鉴师在特定时间内展现其识别不同咖啡的能力。大赛旨在发现和引领咖啡潮流，传播咖啡文化，为全球职业选手提供一个表演、竞技、交流的平台。大赛中以三组咖啡为一个组别，按照三角阵型排放，两杯为相同的咖啡液，其中有一杯有别于其他两杯，选手可以通过味觉、嗅觉等感官体验和经验分辨出其中那一杯不同的咖啡。

4. 世界手冲咖啡大赛

世界手冲咖啡大赛（World Brewers Cup，WBrC）依旧是由世界咖啡协会主办，比赛致力于提升手工咖啡萃取技艺与服务的专业水平，选手需要选择任意一种手工咖啡萃取工具如滴滤壶、法压壶、虹吸壶等，制作三种不同的咖啡饮品。

知识卡片 国际咖啡日

10月1日不仅是我国的国庆节，还是国际咖啡日。2011年，美国的唐恩都乐（Dunkin' Donuts，提供现磨咖啡与甜品的连锁快餐品牌）在9月29日发起了“便宜喝咖啡”活动，受到消费者广泛好评，此后越来越多咖啡品牌参与此项促销活动，将9月29日发展为美国的“全国咖啡日”。2014年唐恩都乐宣布将其在美国范围内的“便宜喝咖啡”促销活动扩展到全世界有其连锁店的国家，将其演变成了“世界咖啡日”。后由国际咖啡组织及其成员国、27个咖啡协会共同制定“国际咖啡日”，并将10月1日定为国际咖啡日的日期。

任务介绍

请以小组为单位，互相向组员介绍各个咖啡国际组织并了解各组织职能，介绍咖啡国际赛事并了解其比赛内容。

任务实施

步骤一：以小组为单位，以咖啡师和客人的身份互相介绍咖啡国际组织与国际赛事。

步骤二：根据咖啡国际比赛的形式，请同学们自行设计一种咖啡比赛形式，并填入记录表中。

咖啡比赛设计记录表

任务名称	
小组成员	
比赛主题	
比赛口号	
比赛形式与内容等	

学习评价

根据所学知识，进行任务实施，以小组为单位讲解咖啡国际组织与国际赛事，完成后进行师生评价。

评价项目	分数	学生自评（50%）	教师评分（50%）	总分
了解咖啡的国际组织及职能	30			
熟记咖啡的国际赛事及内容	30			
具有灵活创造、设计的想法	20			
能进行团队协作、相互沟通	20			
合　计	100			

拓展阅读 我国的咖啡组织——中国咖啡豆分会

中国咖啡豆分会（China Coffee Association，CCA），成立于2006年4月，是国内唯一经国家民政部登记注册的全国性咖啡行业组织。

协会的宗旨是：认真贯彻执行党的路线、方针、政策和国家的各项法律、法规前提下，真实反映国内咖啡产业现状，发挥连接企业与市场、政府之间的桥梁和纽带作用，搭建咖啡行业的公共服务平台。加强行业内外的联合与合作，推广咖啡文化，维护咖啡行业的合法权益。规范国内咖啡行业的产业化经营，促进中国咖啡产业与国际市场的快速接轨，努力推进行业的健康发展和不断壮大。

协会是以国内外从事咖啡业的工商企业单位为主体，并有大专院校、科研院所、社团组织、个人等参加的自律性、非营利性的行业组织，涵盖了咖啡种植、加工、贸易以及相关产品等多个领域，包括民营、中外合资、国资等多种所有制形式企业。协会致力于真正成为行业内各类企业利益的代表者和维护者，竭诚为企业服务。

实训练习

1. 国际咖啡组织的成立时间是____________，成立国家是____________。
2. 国际咖啡组织组织实施了____________公约。
3. 美国精品咖啡协会的职能是____________。
4. 欧洲精品咖啡协会开创的咖啡培训教育课程包括____________等模块。
5. 巴西精品咖啡协会的设立时间是____________。
6. 世界咖啡师大赛由__________________主办。
7. 世界拉花艺术大赛的比赛内容是__________________。
8. 世界咖啡杯测大赛内容以____________组咖啡为一个组别。
9. 世界手冲咖啡大赛以制作____________咖啡为主。
10. 国际咖啡日的日期是____________。

项目二

咖啡基础知识

项目提要

本项目主要讲解有关咖啡的基础知识，从咖啡豆的品种出发，了解咖啡树的习性及特征，学习咖啡豆的处理流程，掌握核心处理知识及技巧，达到对咖啡基础知识的全面了解。

项目内容

- 咖啡基础知识
  - 认识咖啡植物
    - 常见的咖啡树品种
    - 咖啡种子
    - 咖啡种子的栽培
    - 咖啡果实的生长过程
  - 了解咖啡豆的品种与主要产区
    - 阿拉比卡种和罗布斯塔种
    - 咖啡的主要产区
  - 熟悉咖啡生豆的采摘与加工
    - 咖啡生豆的采摘方式
    - 咖啡生豆的处理方法
  - 了解咖啡豆的烘焙
    - 咖啡豆的烘焙过程
    - 咖啡豆烘焙的程度划分
    - 咖啡豆烘焙的设备

引入案例 精品咖啡

小陈制作咖啡有一段时间了，有一次，同样喜欢制作咖啡的朋友烘焙了几种新鲜的咖啡豆，盛情邀请小陈品尝。朋友的制作手法跟以往小陈对咖啡的认识完全不同。朋友用一个壶嘴细长、外形别致的壶，名叫手冲壶，优雅地对着新鲜研磨的咖啡粉均匀打圈。咖啡诱人的香气随着细润的流水缓缓释放，犹如一朵幽幽绽放的花苞。就这样，小陈第一次接触到了精品咖啡。原来，即便是一杯什么都不加的咖啡，也可以有这么多丰富的味道，小陈被惊艳到了。

精品咖啡豆是在少数极为理想的地理环境下生长而成的，对质量的要求极高，对于咖啡豆的种植环境、采摘、加工、烘焙、碾磨和制作这一整个流程都有严格要求，最终才能制成具有独特风味的精品咖啡。

阅读思考：

1. 谈谈你对精品咖啡的理解。
2. 思考咖啡豆从种植到最后被冲泡成一杯杯香浓咖啡的过程。

任务一　认识咖啡植物

任务目标

- 了解有关咖啡植物的知识。
- 熟悉咖啡果实的生长过程。

理论知识

一、常见的咖啡树品种

咖啡树种类繁多，从埃塞俄比亚高地的原生树种到世界各地精心培育的杂交品种，咖啡树的多样性创造了丰富的口味和香气谱系。广义上来说，咖啡树主要分为两种基本类型：阿拉比卡咖啡树和罗布斯塔咖啡树。

阿拉比卡咖啡树占世界咖啡产量的70%以上，它生长在高海拔地区，如哥伦比亚、埃塞俄比亚等地。其树叶通常呈椭圆形，果实为红褐色。阿拉比卡咖啡口感温和、风味复杂。阿拉比卡咖啡树分为众多亚种，其中最为著名的是铁皮卡和波旁。

罗布斯塔咖啡树以其耐旱性和抗病性强而著称，适宜生长在低海拔的热带环境，例如越南、非洲等地。与阿拉比卡相比，罗布斯塔的树形更加壮硕，叶子更加大而厚实。罗布斯塔咖啡豆通常含有更高含量的咖啡因，其口感更加浓郁、苦涩，常被用于制作浓郁的意式咖啡和咖啡饮品。

二、咖啡种子

剥去咖啡鲜果的外果皮后剩余的就是咖啡果肉，它是可食用并带有甜味的浆状物质，由于其呈现出胶质状态所以又习惯称之为果胶。从果肉再往内就是可以生根发芽的咖啡种子，咖啡果子中一般有两颗种子，呈椭圆形，有时也存在一颗或三颗的情况。一颗种子的呈橄榄球状，又称园豆，三颗种子的则称为三角豆。咖啡种子的种壳即内果皮，又称羊皮纸，质地较为坚韧。带种皮的咖啡种子则叫作“羊皮纸咖啡”，云南称之为“带壳豆”。

一颗完整的种子包括三个部分：胚、胚乳和种皮。辨别咖啡种子与咖啡生豆最常用的方式便是观察有无种皮。种皮由胚珠发育而来，用于保护种子不受外力伤害或防止病虫入侵等。不同植物的种皮结构存在较大差异，例如种皮层数、厚薄、颜色等。对于咖啡而言，具有两层珠被的胚珠常常形成两层种皮，外珠发育成宛如羊皮纸，内珠退化成纤弱薄壁，也就是紧紧包裹种子表面的薄膜，称为银皮。

三、咖啡种子的栽培

在播种前，咖啡种子需浸泡三天，每天换水，当种子吸水膨胀沉底时才能用于播种。由于咖啡因对于细胞分裂及生物生长具有阻碍作用，进而会阻碍种子的萌发。当种子通过快速吸水迅速膨胀时，会使得种子根芽部位远离咖啡因聚集的地方，脱离之后再进行细胞的分裂并进入成长的过程。此时，咖啡种子还会将咖啡因从胚乳中渗出到土壤之中，以此抑制咖啡种子周围植物的生长，以实现咖啡植株对周边资源的独占。

咖啡种子播种后会在35～45天发芽（见图2-1），6～10个月后当幼苗长出真叶时就要开始出圃定植了。在定植时植株间的距离要根据品种的不同而做出相应的调整，并且由于咖啡植株生长时需要遮阴，所以临时遮阴树和永久遮阴树都是必要的。临时遮阴树常选取花生植株，永久遮阴树则主要是橡胶树、合欢等。例如云南的咖啡园是将海南黄花梨树作为永久的遮阴树，一方面是由于它的经济价值极高可增加咖农的收入，另一方面是由于其根瘤可固氮，增加土壤中的氮肥含量，所以成为永久遮阴树的不二之选。

图2-1　咖啡种子发芽

四、咖啡果实的生长过程

以云南小粒咖啡为例，其果实的生长过程如下：

第一阶段：花开之后的第一个月，此时果实的生长速度相对缓慢，大致形成椭圆形的青绿色小果实。

第二阶段：花开之后的第二个月，此时果实的生长速度加快并开始大量吸收水分，果实含水量迅速增加，体积膨胀，果实形成正常扁圆形，到达第一个成长高峰期。在这个阶段应着重关注土壤的水分，保持稳定的灌溉供水。

第三阶段：花开之后的第四个月开始，果实生长的速度放缓，含水量稳定在65%左右。果实的表皮颜色由绿变黄再逐渐变红，果实的内力果皮逐渐变硬，果核（咖啡豆）中的干物质量迅速增加。在此阶段应着重关注土壤肥力，保持良好的施肥。

第四阶段：花开之后的第七个月直至采收阶段，此时进入最后一个生长阶段，果实的生长进入第二个高峰期，果实体积不断增加，果肉增厚的同时含水量不变但含糖量累计增加，因此，果实中的干物质量迅速增加，但果核内的干物质量无较大变化。此时，果实的颜色达到成熟色，呈深红或深紫色。生长中的咖啡果实见图2-2。

图2-2　生长中的咖啡果实

议一议

咖啡果实的生长过程主要有哪几个阶段？尝试复述咖啡果实的生长过程，和你周围的同学交流一下吧！

知识卡片

咖啡树属被子植物门下，双子叶植物纲、茜草科咖啡属，是常绿灌木或小乔木。咖啡树的叶片形态呈椭圆形，正面深绿、背面浅绿。咖啡树的花（见图2-3）带有茉莉清香，花白且花瓣为5～8瓣。咖啡树的果实形态似樱桃，未成熟的果实为青绿色（见图2-4），成熟后为红色浆果（见图2-5），固被称作“咖啡樱桃”。咖啡树最适宜生长在热带亚热带的砂质土壤区，充足的日照与充沛的降水为咖啡树果实的生长提供了有利的自然条件。

图2-3　咖啡树的花

图2-4　未成熟的咖啡果

图2-5　成熟的咖啡果

任务介绍

请同学们熟悉咖啡果实生长的四个阶段，并以小组为单位尝试制作一张咖啡果实生长过程的手抄报，介绍各成长阶段的特点。

任务实施

步骤一：自行梳理各个阶段咖啡果实生长的主要特点，可采用表格、树状图、鱼骨图等形式。

步骤二：以小组为单位，绘制手抄报，在组内进行互评，组内优胜者进行班级评选，选出三个作品进行展示。

学习评价

根据所学知识技能，进行任务实施，并开展师生评价。

评价项目	分数	学生自评（50%）	教师评分（50%）	总分
了解咖啡树的常见品种	20			
掌握咖啡种子的主要构成	20			
熟悉咖啡果实生长的阶段性特点	20			
学习态度端正、遵守纪律	20			
能进行团队协作、相互沟通	20			
合　计	100			

拓展阅读　我国消费者现磨咖啡饮用习惯

随着我国消费者饮用现磨咖啡习惯的逐步养成，消费者对于咖啡本身风味和品质上的追求越来越高，与之对应，消费者对于咖啡品类的偏好逐渐从奶咖向黑咖转变。

2017年以前，我国消费者尚未对咖啡形成深入的消费意识，通常更倾向于咖啡味不重的奶咖，因此海外咖啡品牌在最初进入我国市场时，通常会主打拿铁、卡布奇诺等奶咖类饮品以迎合消费偏好，拿铁也由此成为我国消费者最欢迎的咖啡饮品。

2017～2020年间，在瑞幸咖啡、连咖啡等互联网咖啡品牌的共同市场培育下，我国消费者开始建立起一定的咖啡饮用习惯，对于咖啡口味的追求也更为多元化，叠加健康意识的提升，咖啡与新食材的融合深受消费者喜爱。最近，越来越多的咖啡消费者开始尝试浅烘焙所呈现出的轻盈口感。同时随着饮用咖啡年限的增长，消费者对咖啡风味特征具备更高的敏锐度，美式等手冲黑咖饮品因其更能保留咖啡豆原本的风味及更富有层次的口感而受到追捧，渗透率明显提升。未来，黑咖啡或将成为新流行趋势。

讨论交流

讨论1：咖啡树的生长为何需要遮阴树？

讨论2：除课程中列举的咖啡树种外，还有哪些著名的树种？

讨论3：咖啡种子在播种前为何需要浸泡？

实训练习

1. 咖啡果实常被称为（　　）。

   A. 咖啡浆果　　B. 咖啡樱桃　　C. 咖啡豆　　D. 咖啡种子

2. 咖啡果子中一般会有（　　）种子。

   A. 1颗　　B. 2颗　　C. 3颗　　D. 1～3颗

3. 种植前泡发咖啡种子是为了脱离（　　）。

   A. 果胶　　B. 胚皮　　C. 咖啡因　　D. 羊皮层

4. 咖啡果实的生长可分为（　　）阶段。

   A. 2个　　B. 3个　　C. 4个　　D. 5个

任务二　了解咖啡豆的品种与主要产区

任务目标

- 了解咖啡豆的品种及分支。
- 熟悉世界主要咖啡豆的产区。
- 掌握不同产区咖啡豆的风味特点。

理论知识

一、阿拉比卡种和罗布斯塔种

阿拉比卡种特性丰富，有许多细分种类。阿拉比卡种在世界各地都有栽种且在世界市场中广泛销售，其分支的各品种各具特色、香气各异。

（1）铁皮卡种（Typica）　最经典的优质阿拉比卡种，是目前较为常见的豆种，味带花香且清新淡雅，略带柑橘的淡淡酸味。

（2）波旁种（Bourbon）　属于阿拉比卡大类的原生品种，是帝比卡种的突变种，香气浓重，酸味口感层次丰富，主要产地为肯尼亚地区，属于当地咖啡豆的高级品种。

（3）卡杜拉种（Caturra）　属于波旁种的突变种，是具有代表性的矮小种。口感带有淡淡的酸味，与原生种相比酸味略逊一筹，主要产地为海拔较高之地。

（4）蒙多诺沃种（Mundo Novo）　属于铁皮卡种和波旁种的杂交品种，是巴西咖啡的主要代表品种，味道平衡感出众，甜度低，对自然环境的生长适应力也非常强。

（5）帕卡马拉种（Pacamara）　产自萨瓦尔地区的大颗粒咖啡豆，口感清爽，略带酸味，因其产量稀少所以备受市场关注。

（6）瑰夏种（Geisha）　发现于埃塞俄比亚的瑰夏森林，香气浓厚，酸味清爽，口感极具张力和个性，备受市场喜爱。产量很低，价格昂贵。

阿拉比卡种原产地为埃塞俄比亚，其非常害怕病虫害且不耐干燥，无法应对霜降等恶劣天气状况，在气候变化较大的地区难以栽培。罗布斯塔种原产地为刚果，成长迅速且对病虫害的耐性较高，可应对较为恶劣的自然环境，能在无法栽种阿拉比卡种的地方成功栽种。其香味不及阿拉比卡种，口味微酸，略带土味，固一般作为速溶咖啡或平价咖啡的原料。

二、咖啡的主要产区

世界咖啡生产国有60多个，其中大部分位于南北回归线之间的热带、亚热带地区，这一咖啡栽培区被称为“咖啡带”或“咖啡区”。咖啡树是热带植物，咖啡带的年平均气温在20℃以上。咖啡的主要产区有以下几个：

1. 非洲产区

非洲是咖啡的主要原产地，地处赤道地区。非洲的咖啡豆口感清澈明亮、果酸适中、风味浓郁。

（1）埃塞俄比亚产区　埃塞俄比亚是咖啡的发源地，也是东非最具代表性的咖啡生产国，地理位置优越，主要产区有耶加雪菲、吉玛、西达摩和哈拉尔，其中的耶加雪菲和西达摩产区最为著名。耶加雪菲产区的咖啡豆有茉莉花的清新香气，略带柠檬柑橘的风味，酸质清新，余香绵延，质感轻柔，风味极佳。部分地区的咖啡豆经过日晒处理后拥有蜂蜜的微甜、莓果的香甜、柑橘的清新、红酒的醇厚，香气与风味结合融洽，所以该地区的咖啡在世界咖啡市场上占据重要的地位。

（2）肯尼亚产区　肯尼亚的咖啡种植主要位于高海拔地区，海拔高度在1400～2000m之间，其口感以鲜明的莓果香气与丰富的水果风味著名，兼具香气与酸度，是东非产区高品质咖啡的代表。

（3）坦桑尼亚产区　坦桑尼亚的乞力马扎罗山和梅鲁山的山坡是阿拉比卡咖啡的主要种植区，该产区的咖啡口感明亮酸涩、醇厚味佳。

2. 美洲产区

中南美洲是世界上咖啡产量最大的产区，主要包括巴西、巴拿马、哥伦比亚、牙买加、危地马拉等。该产地咖啡风味均匀、酸味适中、口感醇厚、回味浓香。

（1）巴西产区　巴西的咖啡产量约占世界咖啡总产量的30%，是世界第一大咖啡生产国。巴西咖啡豆的生长海拔较低，品种丰富，相较中美洲咖啡来说酸度较低，口感不够明亮。巴西咖啡的口感总体均匀、舒缓柔和、顺滑醇厚，正是由于它口感均匀适中，所以在与其他种类咖啡豆混拼时才不易改变或遮盖其他咖啡豆的味道。巴西咖啡豆的油脂丰富且细腻，是适合与其他咖啡豆混拼作意式拼配的咖啡豆。巴西咖啡豆产量稳定且价格适中，在咖啡市场中是大多拼配咖啡豆的首选。

（2）哥伦比亚产区　哥伦比亚也是世界咖啡生产大国。适宜的气候条件、优良的种植环境、特色的品牌建设、多样的营销推广为哥伦比亚咖啡在咖啡世界市场中塑造了质优味美的品牌口碑。哥伦比亚咖啡口感细腻醇厚，水果风味与清爽酸味完美融合，使得口感充满张力但毫不尖锐。

（3）牙买加产区　蓝山咖啡是牙买加咖啡的代表，被誉为世界上最昂贵的咖啡之一。牙买加被加勒比海包裹，蓝山位于岛的东部，该地区自然环境优越、气候凉爽适宜、土壤肥沃且排水良好，是咖啡的理想种植区。生长在东部四个行政区范围且种植海拔在910～1700m才算正宗的蓝山咖啡，而种植海拔在460～910m的咖啡则被称为牙买加高山咖啡，种植海拔低于460m的咖啡则被称为牙买加优质咖啡或低山咖啡。

（4）巴拿马产区　巴拿马地处中美洲南部，较为特殊的地理环境孕育了许多独特的微型气候区，这也是当地能产出许多质量上乘、品质优良咖啡豆的基础。巴拿马拥有许多世界闻名的咖啡庄园，例如翡翠庄园、艾利达庄园等，近年来声名大噪的瑰夏咖啡就是翡翠庄园的代表产品。

3. 亚洲产区

亚洲咖啡的主要生产国有越南、印度尼西亚、印度、中国、也门等，亚洲的咖啡豆口感醇厚且稠密，味甘而润滑，自带草木气息。亚洲所产的咖啡豆颗粒大小均匀适中。

（1）越南产区　越南是罗布斯塔种咖啡的主要种植区，常用作速溶咖啡的原料。高质量的咖啡极少，口感平淡，略带木香，缺乏特色。在越南，独具特色的传统咖啡制作方式是滴漏咖啡。

（2）印度尼西亚产区　印度尼西亚的三个主要咖啡产区为苏门答腊岛、苏拉威西岛和爪哇岛，核心产区是以曼特宁咖啡著名的苏门答腊岛产区。曼特宁咖啡口感浓郁、香气十足，巧克力混合坚果香的独特风味，酸度适中、甜味凸显、回味厚实。

（3）印度产区　印度的咖啡产量位居世界前列，适宜的地理环境和气候条件为罗布斯塔和阿拉比卡两种咖啡豆的种植提供了条件。印度的咖啡种植主要分布在印度中部和南部的德干高原之上。印度的季风咖啡，坚果与谷物香气浓厚，果酸被磨掉，受到了许多欧洲顾客的青睐。

（4）中国产区　云南、海南等地目前是我国咖啡的主要产地，云南咖啡则是我国的代表。云南咖啡种植以铁皮卡和卡蒂姆种咖啡为主，多为小粒咖啡，酸味适中，味香且浓郁。

议一议

咖啡世界主要产区在自然环境方面有何异同点？快和同学们交流分享一下你的看法吧！

知识卡片　**咖啡的作用与功效**

咖啡是一种广泛流行的饮料，由经过烘焙的咖啡豆制成。咖啡因对中枢神经系统、心脏和呼吸系统有兴奋作用，适量的咖啡因亦可减轻肌肉疲劳、促进消化液分泌，但摄取过多会导致咖啡因中毒。咖啡因亦称为咖啡碱，是茶叶或咖啡中普遍存在的一种生物碱，主要的作用是引起中枢神经兴奋，常作为医药原料使用。

任务介绍

请同学们学习世界咖啡的主要产区，以小组为单位总结并制作世界咖啡主要产区的介绍PPT，并在班级内进行汇报展示。

任务实施

操作步骤

步骤一：全班分为三个小组分别梳理非洲产区、美洲产区、亚洲产区三个咖啡产区的自然环境特点及产区优势，列举各自的代表性产品，对代表性咖啡豆的生长习性及风味特点等归纳。

步骤二：每个小组选出一名代表进行发言与展示，需将每个产区的产区特色、代表咖啡豆品种、品牌或风味、产区产量世界排名等信息制作成PPT进行讲解与展示。

步骤三：班级同学对三个产区的小组汇报展示进行投票，选出优胜组并适当给予奖励（学分或奖品）。

学习评价

根据所学知识技能，进行任务实施，并开展师生评价。

评价项目	分数	学生自评（50%）	教师评分（50%）	总分
了解咖啡豆的大类及分支	20			
熟悉世界主要咖啡豆的产区	30			
掌握不同产区咖啡豆的风味特点	30			
学习态度端正、遵守纪律	10			
能进行团队协作、相互沟通	10			
合　计	100			

拓展阅读　新兴现磨咖啡的品牌定位

新兴现磨咖啡品牌，深耕咖啡口感、性价比、门店风格、空间体验等一项或多项维度，实现与传统大型连锁品牌的差异化定位。

除连锁率的提升以外，新兴现磨咖啡品牌通过与大型连锁品牌的差异化定位，受到市场的追捧和好评。传统大型连锁品牌如星巴克咖啡经过多年的打磨和升级，产品组合和门店风格都相对成熟且标准化，可适应各类咖啡场景下所需的餐饮和空间需求，满足大众的需求。而新兴品牌通过更加精细化的定位，瞄准现磨咖啡的特定价值诉求，如更精良的咖啡口感、网红风的品牌形象和门店风格等，实现与大型连锁品牌的差异化定位，成功挖掘现今消费者尤其是年轻消费者对现磨咖啡更加多样化的诉求。

例如单价远高于星巴克咖啡的%Arabica，其咖啡的品质源于更优质的咖啡豆和研磨工艺，此外独特鲜明的“%”标志和借助社交媒体营销累积的热度，满足了年轻消费者猎奇、打卡晒照的心理。而Manner通过在咖啡口感和供应链上的深耕，聚焦现磨咖啡产品，其价格和口感均受到消费者的广泛好评。

讨论交流

讨论1：根据种植海拔的高低，蓝山咖啡可划分为哪几类？

讨论2：咖啡对于人体健康有何功效？

实训练习

1. 阿拉比卡种咖啡在世界咖啡总产量的占比是（　　）。

   A. 40%　　B. 50%　　C. 60%　　D. 70%

2. 咖啡产量居世界第一的产区是（　　）。

   A. 哥伦比亚产区　　B. 越南产区　　C. 巴西产区　　D. 肯尼亚产区

3. 世界著名的蓝山咖啡的主产地是（　　）。

   A. 印度产区　　B. 牙买加产区　　C. 巴拿马产区　　D. 中国产区

4. 曼特宁咖啡的独特口感是（　　）。

   A. 口感醇厚　　B. 巧克力坚果香　　C. 果味清甜　　D. 谷香浓厚

任务三　熟悉咖啡生豆的采摘与加工

任务目标

- 了解采摘咖啡豆的主要季节。
- 熟悉并能举例说明咖啡豆的采摘方法与加工方法。
- 掌握并复述至少两种咖啡生豆处理方法的详细流程。

理论知识

一、咖啡生豆的采摘方式

（1）人工采摘　这是目前采摘成本最高、时间精力耗费最多的方式。但采摘品质能得到保证并能做到分选采摘，一些尚未成熟或过熟的果实就会在人工分选中得到初步剔除，为后续的处理加工提高效率打好基础。

（2）机器采摘　这种采摘方式是指通过自动化的大型机器收采咖啡果实，利用收割机在种植园中移动收割。这种方式虽然劳动力成本低、机械化程度高、收采效率高，但树枝杂叶以及未成熟的果实也会被一并收割，所以后续的分拣工作相对繁杂，对咖啡豆的质量具有较大影响。

（3）动物采摘　用这种方式采摘咖啡果实的数量较少，但采摘方式独具一格。这种采摘方式主要是通过饲养一些以咖啡成熟果实为食物的动物，在咖啡果实成熟季节让它们去吃已经成熟的咖啡果实。由于这类动物难以消化果实中的果核，所以最后果核也就是咖啡豆，会随着动物的粪便排出，因此能在其粪便中分拣咖啡豆。动物的肠胃中能分泌出发酵及消化谷物的消化酶，消化酶中会附带一些味道，使得咖啡果核别有一番风味。印尼的“麝香猫咖啡豆”以及巴西的“鸟粪咖啡豆”就是这样得名的。

二、咖啡生豆的处理方法

1. 干法处理法（见表2-1）

表2-1　干法处理法

概述	干法处理法也称日晒法，是现存最古老的自然处理方法，其不消耗水资源且不造成环境污染。此方法是将咖啡果实采摘后不经过任何加工处理直接放置于晒床、屋顶平台或者露台上，铺成薄薄的一层接受阳光的暴晒	
适用地区	日照充足、气候干燥、天朗气清、干旱缺水的地区	
处理流程	分选	将采摘的咖啡果实进行分选并称重，做好记录后转移至晾晒区
	晾晒	将咖啡果实平铺在晒床或露台上经行晾晒，晒床以网状材料垫底，便于空气流通
	翻动	人工不定时翻动浆果，使得晾晒均匀，避免果实长时间堆积腐烂发霉，在此过程中需对果实进行再次分选
	收回	由于咖啡生豆的含水量需控制在8%～12.5%左右，晾晒的周期大致在2～4周，此时需要人工将豆子收回，可直接储存等到售出前再剥离果皮和外壳，或直接送至干处理厂进行加工处理，以生豆的方式存放
	储存	通过人工或机器对生豆进行筛选分级，然后装袋储存，运输至售卖环节
基本风味	干处理后，部分糖分和果实风味会转移到豆子中，再结合复杂的生物化学反应，使其醇厚度、甜度、风味及香气等层次分明且突出。其基本风味为果香浓郁、清新甜口、口感醇厚	
优缺点	优点：对环境的污染少 缺点：所需的劳动力成本大、质量参差不齐、品质得不到有效保证	

2. 湿法处理法（见表2-2）

表2-2　湿法处理法

概述		湿法处理法又称水洗法，是指将采摘到的咖啡浆果的果肉和种子迅速分离，然后再经过发酵、水洗、干燥等过程，是目前最流行的处理方式。相较于干法处理能获得更加精致的香气与风味，在口感上和洁净度上更胜一筹
适用地区		靠近清洁水源、昼夜温差大的地区
处理流程	浮选	将采摘的咖啡鲜果倒入蓄水槽中进行冲洗，成熟的果实沉底，枯枝杂叶及浮果会漂浮于水面之上，此时可对杂质进行有效清除，提高咖啡豆的品质和生产效率
	剥皮	将新鲜的咖啡鲜果先大致分选大小，然后再分批次倒入去果皮的机器中，将果皮与果肉快速分离
	发酵	咖啡鲜果的果肉中含有大量的果胶体，这些果胶体包裹在咖啡豆上难以剔除，所以需要将残留果胶的咖啡种子倒入干净的发酵池中浸泡，借助微生物的发酵作用使得果胶与种子分离，去除果胶的黏性。发酵又分为干发酵和湿发酵，发酵时间一般控制在12～36个小时，发酵的时长与当地的温度湿度及天气状况息息相关
	冲洗	冲洗是指将咖啡豆表面的残留物质清洗干净并进行简单分级，这个步骤十分重要。工人们用形似船桨的工具在流水式的蓄水槽中反复搅动水流，冲洗并推动豆子向前，重量及颗粒较大的饱满豆子会率先沉淀，将劣质的豆子有效的分选出来
	干燥	完成冲洗流程之后的带壳豆子含水量在50%左右，需要通过干燥处理将含水量降至标准线（8%～12.5%）。此步骤与干法处理法基本相同，充足的日晒条件及专业的人工翻动是影响二次发酵的关键，待达到适宜水分时再收集存放
	去壳抛光	此步骤是咖啡豆进入销售市场前的最后一步，带壳豆进行脱壳处理，然后再用抛光机进行抛光处理，咖啡豆表面的杂志和银皮也会被去除。目前很多去壳抛光机器兼备咖啡豆的分级筛选功能，但目前最为常见的形式还是依靠人工站在流水线两侧来分选瑕疵豆
基本风味		经过湿法处理的豆子含水量较高，外观品相较好，由于一小部分风味会在水洗过程中流失，所以在醇厚度、风味多样性等方面较干法处理法略逊一筹，但其酸质发育较好，清新明亮，干净优雅，能较好地呈现豆子的本真风味
优缺点		优点：豆体洁净、卖相极佳、质量较高 缺点：步骤繁杂、需水量大、成本较高

3. 蜜处理法（见表2-3）

表2-3　蜜处理法

概述		半干处理法从巴西传到中美洲之后，在原本处理方法的基础上做了进一步的改进和调整——不彻底处理带壳豆上的果胶，然后放置于晒床上晾晒至干燥，果胶中的水分蒸发后会变得黏稠，固这个过程被称为蜜处理法
适用地区		中美洲哥斯达黎加等国
处理等级		根据果胶的残留量多少，将蜜处理法划分为40%、60%、80%和100%四个等级
颜色分类	黑蜜	保留全部果胶。将咖啡豆放置在阴凉干燥处阴干，至少2周
	红蜜	去除25%左右的果胶。干燥时间约2周，使用遮光蓬以减少阳光的直接暴晒
	黄蜜	去除40%左右的果胶。干燥时间最短，约1周，采用直接晾晒的方式使得豆子接受最多的太阳照射
	白蜜	去除70%左右的果胶。果胶残余量较黄蜜更少，由金黄色变为黄中透白的颜色
基本风味		蜜处理咖啡的风味呈现介于日晒处理与水洗处理之间，酸甜均匀，口感醇厚
优缺点		优点：由于在一开始便除去了一部分果肉和果皮，所以能避免发霉 缺点：步骤相对烦琐

4. 半干处理法（见表2-4）

表2-4　半干处理法

概述	半干处理法又被称为“巴西式去果皮日晒处理法”。前两步与水洗处理法完全一致，是一种巴西为探寻更加节水但又适宜本地的全新加工处理方法，能大幅度提高咖啡豆的品质	
适用地区	日照充足、干旱缺水的巴西地区	
处理流程	浮选	与水洗法相同
	剥皮	与水洗法相同
	晾晒	将表皮还残留有大量果胶和果肉的带壳豆转移到户外晾晒厂进行晒干处理，此时果胶中的糖分和香气会随着晾晒的过程慢慢渗入豆子中，使得风味度和口感度俱佳。期间需要专人翻动，确保透气良好、干燥均匀
基本风味	果香浓郁、甜度丰沛、醇厚度高	
优缺点	优点：有效节水，提升品质，降低风险 缺点：日晒过程需不时地人工翻动，需要经验丰富的工人，人工成本较高	

5. 印度尼西亚湿刨法（见表2-5）

表2-5　印度尼西亚湿刨法

概述	印度尼西亚湿刨法与水洗处理法有异曲同工之处，被视为水洗法分支中的一种。由于苏门答腊北部咖啡产地每年采收的季节与雨季重合，所以户外晾晒条件有所欠缺，所以只能在采收期短暂的晴天时间歇式晾晒，固需要快速晾干以免发霉损坏豆子品质	
适用地区	咖啡果子收获期与雨季重合的地区，主要分布于印度尼西亚苏门答腊岛	
处理流程	剥皮	将采摘的咖啡鲜果直接进行剥皮处理，然后再将带有果胶残留的带壳豆进行短暂的干燥处理，使其含水量能降至30%～35%，然后将半干的豆子进行机械式剥除果皮，使咖啡生豆直接裸露出来
	晾晒	将咖啡生豆完全暴露在外快速晾晒，此过程只需要几个晴天即可，但这样失去果皮包裹的生豆在集中的暴晒作用下，外观会大打折扣
基本风味	低酸醇厚、回味悠长，带木制、烟草、香料等风味	
优缺点	优点：因地制宜，节约用水，高效便捷 缺点：需严格把控晾晒程度	

议一议

为何在不同的地区会采用不同的咖啡生豆处理方式呢？尝试结合所学和同学们一起讨论一下吧！

知识卡片　咖啡豆的脱壳与包装

1．脱壳

在完成干燥处理后，除印度尼西亚湿刨法处理的豆子，其余几乎所有的豆子都需要进行脱壳处理。在脱壳时不能操之过急，一般是安排在销售之前再按照具体情况进行脱壳，以免霉变腐烂，造成损失。

脱壳与抛光往往连在一起，之后还会进行各级筛选，主要是各种机器设备与人工流水筛选相结合，设备筛选主要有有色筛选、风力筛选、重力筛选几种，人工筛选对工人的技术与经验要求较高，配合流水线筛选过程，完成咖啡豆的分级分类。

2．包装

经过分级的咖啡豆在进入市场前需要选用材质结实、成本适当、干燥无味的材料进行包装。不同产区的咖啡企业会将自家独特的标识图案印在袋子上，且各自咖啡生豆的重量也稍有不同。

任务介绍

请同学们学习咖啡生豆的主要处理方法，总结每一种处理方法所得的咖啡风味特点，并尝试探索形成不同地区采用不同咖啡生豆处理方法的自然及人文原因，并以小组为单位制作纸质知识手卡。

任务实施

操作步骤

步骤一：学习咖啡生豆处理方法的基础知识，熟悉注意事项及处理要点，将专业知识进行有效内化。

步骤二：小组成员对所学知识进行讨论并凝练咖啡生豆的主要处理流程，对共同学习讨论所获的结果整理成表格，便于查漏补缺。

步骤三：以小组为单位，制作纸质知识手卡，要突出亮点与特色，小组成员共同完成，之后由班级同学和老师进行检验，经过评选打分最终计入平时学分。

学习评价

根据所学知识技能，进行任务实施，并开展师生评价。

评价项目	分数	学生自评（50%）	教师评分（50%）	总分
清楚咖啡生豆的主要采摘方式	20			
了解咖啡生豆的主要加工方法及适宜的产区	30			
掌握生豆处理的基本流程	30			
学习态度端正、遵守纪律	10			
能进行团队协作、相互沟通	10			
合　计	100			

拓展阅读　现磨咖啡的消费场景与渠道

随着工作学习节奏的加快以及消费观念及习惯的改变，“快咖啡”场景的咖啡消费占比逐渐提升，“快咖啡”场景消费的现磨咖啡杯数占比也越来越高。为顺应消费者对时间的需求，便利店、办公室咖啡机等渠道逐渐涌现，并成功渗透部分特殊场景（如在便利店购买早餐时、在办公室加班时等），成功挤占了一部分现磨咖啡馆的市场份额。

但目前，现磨咖啡馆仍是主要的现磨咖啡消费渠道，因为不同的咖啡馆能满足消费者对时间以及空间上的需求，适用于不同场景。消费者进店主要为购买咖啡或饮品，部分消费者会同时购买餐食，但单纯购买餐食的比例较低。超过20%的消费者会经常仅因为空间和场景需求光顾咖啡馆，更多的消费者偶尔将咖啡馆当作第三空间。

讨论交流

讨论1：咖啡鲜果的主要采摘方式有哪些？

讨论2：咖啡鲜果在处理的过程中最重要的步骤是什么？

讨论3：为什么要在销售之前才剔除咖啡豆的外层果皮？

实训练习

1. 目前咖啡鲜果的主要采摘方式是（　　）。
   A. 动物采摘　B. 机器采摘　C. 人工采摘　D. 搓枝采摘
2. 人工采摘的主要优点是（　　）。
   A. 提高效率　B. 保证质量　C. 节约成本　D. 便于管理
3. 咖啡生豆最古老的处理方法是（　　）。
   A. 干法处理法　B. 湿法处理法　C. 蜜处理法　D. 半干处理法
4. 处理咖啡鲜果需水量最大的处理方法是（　　）。
   A. 蜜处理法　B. 半干处理法　C. 湿法处理法　D. 印度尼西亚湿刨法
5. 根据果胶的残留量的多少，将蜜处理法划分为（　　）四个等级。
   A. 40%、60%、80%和100%　B. 20%、40%、60%和80%
   C. 10%、30%、50%和70%　D. 30%、50%、70%和90%
6. 在销售之前才剥除咖啡种皮的目的是（　　）。
   A. 方便运输　B. 降低成本　C. 保存风味　D. 便于筛选
7. 黄蜜处理法需要去除的果胶占比为（　　）。
   A. 30%　B. 40%　C. 50%　D. 60%
8. 包装咖啡豆主要选用的材料是（　　）。
   A. 真空袋　B. 黄麻袋　C. 木桶　D. 棉麻袋

任务四　了解咖啡豆的烘焙

任务目标

- 了解咖啡豆的主要烘焙过程。
- 熟悉咖啡豆烘焙的业余与专业烘焙器具。
- 掌握咖啡豆烘焙的8个不同烘焙阶段。

理论知识

一、咖啡豆的烘焙过程

1. 操作准备

在正式进行烘焙作业前需要做三方面的准备工作：烘焙计划、烘焙机以及咖啡豆。从咖啡生豆商手中拿到尽可能详细的产地信息，了解咖啡豆的等级、含水量、密度等。检查咖啡豆烘焙设备，主要检查烘焙机，然后是设备的可靠性与排烟管道的通畅性，及时检查管道、烟囱、集尘器、银皮抽屉等是否积累了烟尘碎屑。通电进行自检后再点火加热，烘焙前需要将烘焙机进行预热，只有预热彻底才能达到内部储热预定的要求，实现最佳烘焙状态。

2. 烘焙步骤

咖啡豆的烘焙一般分为高温脱水、正式烘焙（见图2-6）、快速冷却三个步骤。在咖啡生豆入锅后、出锅前，按照时间推演顺序如实准确填写各项操作（如入锅、出锅、改变风压、调整火力、调整转速等）、咖啡生豆的重力变化（如回温、黄变、一爆、二爆等）以及火力（如豆温、风温、管道风量等）数值。对于常用的滚筒式半热风烘焙机来说，一锅豆子正常的烘焙时间应在8～15min，过快和过慢都会影响咖啡豆的风味，还可能会带来负面影响。

图2-6　正式烘焙

快速冷却是烘焙过程中必不可少的一部分，核心是将出锅的高温咖啡熟豆快速冷却至30℃以下。如果是精品小批量生产的咖啡豆，则会采用单纯的风冷措施，并且严格控制冷却时长。还有一种冷却方式是水淬冷却，但由于水的进入，可能会对咖啡豆的品质带来负面影响。咖啡豆出锅后需快速冷却是由于灼热的咖啡豆处于高温状态，化学反应还未结束时会产生复杂的“自烘焙”现象，从而会使得咖啡风味偏苦，所以咖啡豆的快速冷却至关重要。

3. 结束作业

咖啡豆结束快速冷却后要尽快称重包装、密封保存，不宜在外长时间暴露摊放。烘焙结束后的烘焙机还处于缓慢降温的过程中，为了杜绝火灾的发生，不能立即关闭机器离开，只有当烘焙机的温度下降到安全数值时，才能进行断电操作。

最后，涉及每一锅的烘焙咖啡豆都应做留样处理，进行豆粉测值与感官评估，做好有关事项的记录并完善烘焙记录表。最后彻底清理烘焙机，收拾操作间后，结束工作便告一段落。

二、咖啡豆烘焙的程度划分

咖啡豆烘焙的程度划分见表2-6。

表2-6　咖啡豆烘焙的程度划分

焙度	烘焙阶段	状态	程度	风味	SCAA色卡
浅烘焙	极浅烘焙	一爆阶段	轻	豆表呈淡肉桂色，带有浓厚的青草味，入口香气不足，一般用于试验，不做饮用	#95
	肉桂色烘焙	一爆尾段	轻	豆表呈肉桂色，此时青草味已消除，酸质强烈，略带香气，常用于冲泡美式咖啡	#85
中烘焙	中等烘焙	一爆结束后	中度	豆表呈栗子色，口感清淡，偏酸带苦，香气适中，保留咖啡豆原始风味，常用于美式咖啡或混合咖啡制作	#75
	中强烘焙	二爆前沉寂	中度（微深）	豆表呈浅红褐色，口感清爽，酸苦均衡且略带甜味，香气与风味俱佳，蓝山咖啡便采用的是此烘焙程度，为日本、中北欧人士喜爱	#65
中深烘焙	城市烘焙	部分进入二爆	中度（深）	豆表呈浅棕色，口感明亮活泼、酸苦平衡且酸质偏淡，释放咖啡中的木质风味，为大众最喜爱的程度，巴西、哥伦比亚咖啡均适合此种烘焙程度，常用于法式咖啡制作	#55

（续）

焙度	烘焙阶段	状态	程度	风味	SCAA色卡
中深烘焙	全城市烘焙	二爆开始至密集	微深度	豆表呈褐色，口感沉稳饱满，苦味较酸味更加强劲，余韵回甘、香气饱满，为中南美式烘焙法，多为冰咖啡、黑咖啡使用	#45
深烘焙	法式烘焙	二爆密集	深度	豆表呈深褐色带黑，口感强劲浓烈，苦味较浓、酸味清淡近乎无感觉，带有浓郁的巧克力与烟熏香气，为欧洲尤以法国最为流行，多为咖啡欧蕾、维也纳咖啡使用	#35
	意式烘焙	二爆尾段	重深度	豆表呈黑色泛油光，口感强烈，苦味强劲，带有浓烈的煎焙与焦香，主要流行于拉丁美洲国家与意大利，多用于意式咖啡制作	#25

1. 第一次爆裂产生的原因

第一次爆裂（简称“一爆”）产生的原因主要是由于水蒸气蒸发产生的庞大气体在豆子内积聚到一定程度，突破豆体所能承受的临界值，使豆体撕裂产生的爆裂现象。如果将每一锅豆子都看作一个整体，含水量的多少、烘焙时火力的大小、前期脱水干燥的整体状态等，都与一爆密切相关，以上的因素共同影响着一爆到来的时间和声响。但是相对于同一台烘焙机来说，同款咖啡豆开始一爆的时间基本是稳定的，会存在小范围波动但不会存在太大偏差。如果将一锅豆子中的每一颗豆作为单独的个体来观察，由于每一颗豆子存在大小、形状、密度、体积、含水量、质地等的偏差，所以会导致一爆的声响出现差异，时而稀疏、时而密集，但“群体性的开始”才能算作是一爆真正的起点。

2. 咖啡豆烘焙的注意事项

（1）咖啡豆烘焙需要技术支撑。咖啡豆烘焙是将生豆变成熟豆的一个过程，咖啡豆在烘焙的过程中会随着温度的变化产生各种物理变化与化学变化，特别是焦糖反应与梅纳反应，达到一定的香度和甜度时，整个咖啡豆的烘焙才算完成。

（2）咖啡豆烘焙是一门艺术。在烘焙过程中需要一定的烘焙经验与专业知识，咖啡烘焙师作为必不可缺的一个环节需要参与整个烘焙过程。

（3）咖啡豆烘焙程度的不同会影响咖啡师选择冲煮的方式，咖啡师会习惯根据咖啡豆烘焙的深浅来决定冲煮咖啡的设备。

（4）了解咖啡豆是咖啡师烘焙豆子的前提。在烘焙咖啡豆之前，咖啡师应先了解咖啡豆的产地及其特点，然后再适度进行咖啡豆的烘焙，烘焙过度或不足都会影响咖啡豆的香气与口感。

三、咖啡豆烘焙的设备

1. 非专业烘焙器具

（1）手网烘焙（见图2-7） 这是一种历史悠久、非常古老的烘焙形式。一个金属手网、一双隔热手套、一台煤气灶和一个计时器便可以开展烘焙操作。手网烘焙价格低廉，操作便利，是很多咖啡爱好者烘焙的不二之选，每次大约能烘焙100g的咖啡豆。此方式在烘焙过程中需要不断地摇晃，十分考验臂力，虽消耗体力但具有观察便利、排烟通畅、热力可调节等优点。有经验的手网烘焙者会在煤气炉上安装一个聚热环，同时手腕翻动的幅度和频率恰到好处，使得咖啡豆受热均匀。

（2）铁锅明火炒豆（见图2-8） 起源于埃塞俄比亚传统的炒豆方式，与手网烘焙类似。传统的大铁锅则是此类方式的首选炒制工具，用这种方式烘焙的咖啡豆品质也不错，缺点则是需要强大的体力作为支撑。

图2-7　手网烘焙

图2-8　铁锅明火炒豆

（3）平锅煎豆（见图2-9）　家庭烘焙则主要选用此种方式，使用平底锅在电磁炉上翻炒豆子即可。这种方式操作难度较大，豆子容易受热不均，影响最终风味。

（4）旋转烤炉烘豆（见图2-10）　为了解决手网烘焙和铁锅明火炒豆效率低下、耗费人力的问题，人们发明了一种有孔洞的箱体容器，将咖啡豆置于其中使其不与明火相接触，下方为明火或加热丝，使用手摇或电机驱动旋转。

图2-9　平锅煎豆

图2-10　旋转烤炉烘豆

2. 专业烘焙器具

（1）直火式烘焙机（见图2-11）　这种器具是将咖啡生豆放进带有孔洞的滚筒中用明火直接接触豆子进行烘焙。其优点是造价较低且易于操作，缺点是明火直接接触豆子容易导致受热不均，产生焦味或苦味，且碎屑物质附着在豆子表面会使得风味变得浑浊。但如果操作合理，直火式烘焙能够很好地展现咖啡豆的风味与香气，再辅之以冲泡环节，便能将风味展现得淋漓尽致。

（2）半热风式烘焙机（见图2-11）　半热风式烘焙机是在直火式烘焙机的基础上加以改进而来的，又称为半直火半热风式烘焙机。它是指选用无孔洞的滚筒或在滚筒外壁包裹隔板，使得咖啡生豆不与明火直接接触，让产生的热风进入滚筒中来烘焙豆子，增加了对流热的占比，热风可以吹走燃烧物的碎屑，保留干净的豆子。这种改进之后的烘焙机可以使咖啡豆的膨胀度提高，品质更有保障。

（3）热风式烘焙机（见图2-11）　简称热风机，这种烘焙机器可大可小，小巧的机器用于打样，大型的机器用于商业烘焙生产，是目前主流选用的烘焙机器。热风式烘焙机能最大化对流热，减少传递热和辐射热的占比，使得咖啡豆在热风中翻滚悬浮，均匀受热。这样做不仅能使咖啡豆的膨胀度提高，而且还能提高烘焙和萃取的效率，使得烘焙生产的整体稳定性提高、操控性增加，确保咖啡豆的品质。

图2-11 直火式、半热风式、热风式烘焙机

议一议

身边最容易接触到的咖啡烘焙方式有哪些？如果你是咖啡烘焙师会选择哪种烘焙方式？请说明理由！

知识卡片 何为优秀的咖啡烘焙师？

（1）能熟悉咖啡产业的上游产区、庄园、特色品种、采收流程、加工方式、生豆储存、包装运输等相关知识，以上要素均与咖啡豆的风味与品质密切相关。

（2）能熟练操控咖啡烘焙设备及相关软件，了解不同咖啡烘焙设备的特点、操作细节与注意事项，精准把控咖啡豆烘焙的全过程，以保证咖啡豆的整体烘焙风味与品质，避免烘焙出现失误与瑕疵。

（3）拥有良好的烘焙习惯、丰富的实践经验、扎实的咖啡感官评估能力和研磨萃取能力。要根据实际的豆温、豆量、含水量、气压、温湿度、密度等来调整烘焙操作，不能机械化地进行烘焙操作。

（4）以顾客体验为出发点和落脚点，遵循市场消费规律与特点，不断提升自我能力，经常走出烘焙间与顾客进行面对面交流，虚心接受顾客提出的意见及建议。

（5）始终将安全生产放在第一位，掌握不同类型灭火器具的使用方式，按时检查设备，正确使用烘焙设备，做好各项安全保障工作。

任务介绍

通过对咖啡豆烘焙相关知识的学习，掌握咖啡豆烘焙的主要流程，熟悉咖啡豆烘焙到不同程度的风味及色度特点；然后再结合咖啡豆烘焙设备的相关专业知识，将常见咖啡豆烘焙设备的使用注意事项及优缺点进行梳理，最后以小组为单位制作咖啡豆烘焙色卡及烘焙设备使用手册。

任务实施

操作步骤

步骤一：复习咖啡豆烘焙流程，过程中的注意事项要做好记录，并与小组成员一同讨论，小组成员之间相互提醒和纠错。

步骤二：结合咖啡豆烘焙的程度划分表，小组成员共同制作咖啡烘焙色卡。

步骤三：对咖啡豆烘焙设备相关知识点进行梳理，总结归纳重点难点，以小组为单位制作烘焙设备使用手册。

学习评价

根据所学知识技能，进行任务实施，并开展师生评价。

评价项目	分数	学生自评（50%）	教师评分（50%）	总分
了解咖啡生豆的主要烘焙过程	25			
熟悉咖啡生豆的烘焙程度及各自风味	30			
熟悉各种专业烘焙器具的优缺点	25			
学习态度端正、遵守纪律	10			
能进行团队协作、相互沟通	10			
合　计	100			

拓展阅读　美食新口味——咖啡烘焙食品

近年来，咖啡已经成为全球流行的饮品之一。然而，大多数人都只把咖啡视为一种饮料，而忽略了它也可以作为一种烘焙食品。咖啡的口感和香气非常独特，与食品相结合，可以赋予食品新的独特的风味与口感。同时，与油炸等食品相比，咖啡烘焙食品更加绿色、健康。

如何将咖啡融入烘焙食品中？方法有很多种。可以直接将咖啡加入烘焙食品中，如糕点、饼干、面包、三明治以及烤鸡肉、烤蔬菜等；还可以将咖啡融入烘焙食谱中，将咖啡加入糖浆、奶油、芝士、坚果等配料中，创造出各种不同的口味和风味。比如，可以将咖啡和糖浆混合，制成一种甜味浓郁的咖啡蛋糕；将咖啡和奶油混合在一起，制作出口感柔软的咖啡曲奇。

讨论交流

讨论1：咖啡豆烘焙过程中回温、黄变、一爆、二爆的主要特点是什么？

讨论2：学习小组共同梳理咖啡烘焙后快速冷却的重要性。

讨论3：产生烘焙瑕疵的主要原因有哪些？

实训练习

1. （　　）是烘焙过程中必不可缺的一部分。
   A. 迅速降温　B. 稳定风味　C. 提升品质　D. 便于储存
2. 一爆结束后进入中等烘焙阶段，豆子表面的颜色呈（　　）。
   A. 淡肉桂色　B. 浅红褐色　C. 浅棕色　D. 栗子色
3. 咖啡生豆烘焙过程中第一次爆裂产生的原因是（　　）。
   A. 热量积聚　B. 气体积聚　C. 水分积聚　D. 风味积聚
4. 属于咖啡豆专业烘焙器具的是（　　）。
   A. 手网　B. 铁锅　C. 热风式烘焙机　D. 旋转烤炉
5. 目前主流选用的烘焙机器是（　　）。
   A. 直火式烘焙机　B. 半热风式烘焙机　C. 热风式烘焙机　D. 手网烘焙
6. 半热风式烘焙机在直火式烘焙机的基础上做了怎样的改进？
7. 请简述热风式烘焙机的烘焙原理。
8. 请简述成为优秀咖啡豆烘焙师应具备的五个要素。

项目三
咖啡豆的选取与研磨

项目提要

了解咖啡豆的来源和各国分级体系并掌握咖啡豆选取的技巧，掌握研磨咖啡的技能以及掌握如何清洁保养咖啡磨豆机。通过这些学习，对咖啡豆的品质、名称及其相关特性有一个系统的认知。

项目内容

- 咖啡豆的选取与研磨
  - 咖啡豆的选取
    - 咖啡豆品质的影响因素
    - 咖啡庄园
    - 咖啡豆的分级
  - 咖啡豆的研磨
    - 咖啡研磨度
    - 咖啡磨豆机的类型和核心部件
  - 咖啡磨豆机的日常清洁与保养

引入案例　咖啡口感控制的困扰

随着对咖啡的接触，小陈发现自己在咖啡豆的选取和研磨方面一直有所欠缺。每当他尝试调整咖啡研磨机的设置以获得理想的咖啡口感时，他总是无法做出满意的咖啡，咖啡的口感和风味也总是达不到理想的效果。

于是，小陈向店长寻求帮助。店长说道：“咖啡的味道和口感很大程度上取决于咖啡豆的质量和研磨的方式。我们需要先选取新鲜的、高品质的咖啡豆，然后根据咖啡的类型和制作方式进行精确的研磨。”

店长一边解释，一边拿出几种不同产地的咖啡豆，让小陈闻每种咖啡豆所散发的不同香气。接着，店长向小陈展示了如何调整研磨机以确保将咖啡豆研磨到最佳的颗粒度。

店长鼓励地说道：“选取优质的咖啡豆并进行精确的研磨是制作理想咖啡的第一步。只有做好这两点，才能做出让自己和顾客都满意的咖啡。”

小陈聚精会神地听着，更迫不及待地想要亲自去尝试。通过店长的指导和教导，小陈逐渐学会了如何挑选优质的咖啡豆，并掌握了精确研磨的技巧，终于成功地制作出了心目中的理想咖啡。

阅读思考：

1. 小陈心目中的理想咖啡是什么样的？
2. 影响咖啡口感的关键因素是什么？

任务一　咖啡豆的选取

任务目标

- 了解影响咖啡豆品质的因素。
- 熟悉并掌握世界知名咖啡庄园及其相关信息。
- 掌握各国咖啡豆的分级体系。
- 具备咖啡豆选取的相关技能。

理论知识

一、咖啡豆品质的影响因素

咖啡豆的品质决定了冲煮的咖啡品质，咖啡豆的品质由其品种、产地、加工工序以及存储方法等决定。

咖啡三大原种包括阿拉比卡种、罗布斯塔种和利比里亚种，其中阿拉比卡种被认为是高品质咖啡的代表。如今盛行的精品咖啡也多是阿拉比卡种，如蓝山咖啡。

产地因不同的纬度、海拔、海陆条件，以及不同的温度、光照、空气湿度、降水量等条件，影响咖啡豆的生长发育，使不同产地咖啡各有风味。往往在咖啡豆生长限度范围内，越高海拔、越靠海岛，其咖啡豆的品质越高。如果将咖啡豆的品质划分为高中低三个等级，那么单从海拔和海陆位置因素考虑，其品质分布见图3-1。

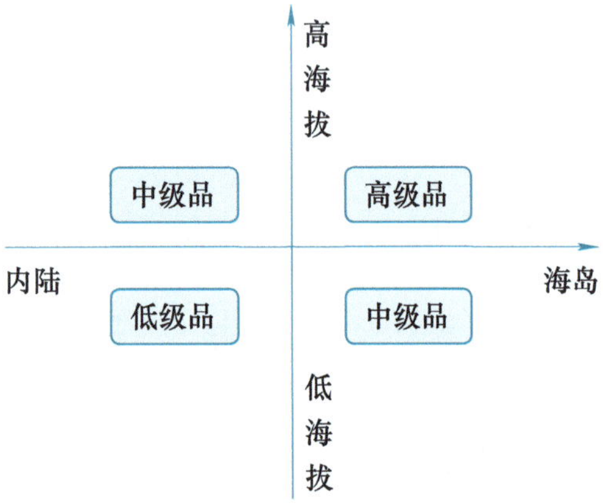

图3-1　产地条件与咖啡豆品质关系

同时，咖啡豆的采摘、清洗方法以及储存等工序也是决定咖啡豆品质的关键因素。像常用的咖啡豆清洗方法就有水洗法、日晒法、半水洗法、半日晒法、蜜处理法等。目前咖啡豆的处理方法已经比较成熟，只要按标准操作，按单品单用的原则处理，往往都能得到优质的咖啡豆。

二、咖啡庄园

1. 咖啡庄园的概念

咖啡庄园的概念产生于第三波咖啡发展浪潮。第三波咖啡发展浪潮是对精品咖啡的进一步提档升级，对咖啡的产地、种植、采摘、清洗处理等工序都提出了更高的要求。就如同葡萄酒一般，不同葡萄酒庄园根据其特殊的水土和酿造技艺，生产出不同风味的葡萄酒，咖啡也应运而生了庄园的概念，并以此成为评价咖啡豆品质的又一参考标准。

咖啡庄园的概念重在“庄园”，产自咖啡庄园中的咖啡被命名为庄园咖啡，其英文名叫作“Estate Grown Coffee”。咖啡生豆的生产者一般有三类：大型种植园、中型庄园和小型农场。而本书所提到的咖啡庄园一般指第二类。中型庄园有别于其他两类，它摒弃了大型种植园的混杂而追求精品，又弥补了小型农场体系不完备的问题。中型庄园拥有自己的育苗、种植、采摘、清洗、划级、物流体系，对咖啡豆的品质把控严格，因而被定义为庄园咖啡。

国际化的精品咖啡协会在一定程度上提升了咖啡庄园的国际认可度。各精品咖啡协会制定咖啡品质的标准，提出精品咖啡概念，并进行咖啡庄园认证，使一部分高品质咖啡种植者摆脱了中间商的垄断，直接以高品质口碑为依托将咖啡豆卖给商家，使精品咖啡豆直接面向市场。渐渐地，这些高品质咖啡庄园被行业熟知，而得名某某咖啡庄园，代表着高品质咖啡生产者。

综上所述，咖啡庄园是精品咖啡浪潮下，由国际化的精品咖啡协会发起的对高品质咖啡生产地进行认证的，且渐渐被行业认可的咖啡种植加工园。其具有高溯源性，可精确溯源其产地、品种、加工方法等。

2. 世界知名咖啡庄园

咖啡庄园数量繁多，本书将选取其中认可度较高的五个咖啡庄园展开介绍，包括翡翠庄园、艾丽达庄园、西格里庄园、杜兰庄园、皇后庄园。

（1）翡翠庄园　翡翠庄园坐落于巴拿马以北，濒临加勒比海，南向太平洋，呈东西走向，形成了夹在两个海洋间的湿润气候，再加之中央山脉汇集于此，使其形成了极其适合咖啡生长的气候。巴鲁火山地区提供肥沃的土壤和高耸的地形更是为翡翠庄园成为顶级咖啡豆生产的不二庄园提供了条件。

至今，翡翠庄园诞生了多个咖啡品牌，其中“瑰夏”数次获得世界精品咖啡赛冠军，并为全球咖啡爱好者所追捧。

（2）艾丽达庄园　艾丽达庄园位于巴拿马波奎特的巴鲁火山边缘，海拔在1700m左右。它和翡翠庄园是巴拿马两座海拔最高的庄园。其同翡翠庄园一样拥有优良的咖啡生长环境，以此为基础成为世界知名咖啡庄园。

该庄园主要品种有卡太依、梯匹卡与波旁等，其咖啡豆口感清新、花香突出。近年来，艾丽达庄园的咖啡豆精选批次（Reserve Lot）年年名列“最佳巴拿马”竞赛优胜批次，成为全球咖啡爱好者的理想咖啡豆。

（3）西格里庄园　西格里庄园地处巴布亚新几内亚，属典型的海岛型气候，加之高原地形和热带雨林火山岩，和介于1200～2500m的海拔，成为咖啡种植的不二之地。该庄园产出的咖啡口感独特，呈现明亮、酸甜感、花果香气，成为许多高档的浓缩咖啡指定选用的咖啡豆。在业界，西格里庄园的咖啡豆也拥有不错的声誉。

（4）杜兰庄园　对于杜兰庄园，咖啡爱好者一定不会陌生。杜兰庄园坐落于巴拿马波魁特地区，海拔在1650m左右，拥有肥沃的火山土壤和同翡翠庄园一般两洋夹地的独特的微型湿润气候，同样是高品质咖啡豆的适宜种植地。

该庄园采用水洗法处理咖啡豆，并通过严格工艺和挑豆设备筛选咖啡豆。其生产的咖啡豆质量优良，业界普遍评价其产品基本没有瑕疵豆，对于其口感给出的评价是浓郁的茉莉花香、花蜜甜香、杏仁香，果酸明亮而多变。

（5）皇后庄园　巴西是世界上最大的咖啡生产国，皇后庄园是巴西的知名庄园。皇后庄园坐落于圣保罗州的摩吉安娜地区，接近米那斯边境高山区，1200～1400m的海拔高度，年降雨量充足，年均温度仅为19℃左右，果实生长略缓，但有较高质地密度。其香气风味有别于一般巴西咖啡豆。

该庄园极其注重庄园生态环境保护，以种植波旁种为主，已有百年的种植历史，其中超过110年的波旁老种也成为其特色。该庄园也拥有独特的咖啡豆处理工艺，完全手工采摘果实，并拥有独特的皮肉处理系统。其咖啡口感呈现热带水果香。皇后庄园的咖啡生豆也多次获得大奖，是业界广受追捧的咖啡豆。

三、咖啡豆的分级

1. 咖啡豆分级的起源

伴随着第三波咖啡发展浪潮的来袭，咖啡商家以及咖啡爱好者都对咖啡的品质提出了更高的要求。作为生豆供给端的咖啡豆生产者，对咖啡豆进行筛选就成为必要的工作。咖啡豆的分级筛选不但给咖啡划分出了优良中差来区分咖啡豆的品质，也使咖啡豆的生产者得以进行价格细分，获得更高的销售价格，从而促进整个咖啡经济生态系统良性运转。

所以，推动咖啡豆分级的原始动力有两个：一是精品咖啡浪潮驱动力，消费者对高品质咖啡的追求；二是利益驱动力，产品的质量和产品的价格往往是成正相关的，为了获得更多的利润，咖啡生产者迫切对咖啡豆进行分级，使优质咖啡豆卖出高价。

2. 咖啡豆的分级标准

咖啡豆的分级标准并非全球统一的，各咖啡生产国都拥有一套自己的咖啡分级体系。但总的来说，咖啡豆的分级标准大都是以影响咖啡豆品质的相关因素作为参考标准，主要包括三个方面。

（1）按咖啡豆的生长环境不同划分　生长环境作为咖啡豆品质的决定性因素，在咖啡豆分级中理所当然的是最为重要的分级标准之一。影响咖啡豆生长的主要环境因素包括海拔高度和海陆位置，往往高海拔、岛屿形地势的咖啡豆的品质更佳。其中海拔高度就是众多国家划分咖啡豆等级的标准之一。因为海拔越高，往往咖啡豆的硬度也就越高。高海拔地区，气温较低、日照时间短、昼夜温差大，咖啡豆生长缓慢，生长周期长，结出的咖啡豆果实密度就较大，其硬度就高。这样的咖啡豆煮出来的咖啡，往往口感俱佳，酸度和醇度都比较饱和。所以，咖啡豆硬度也成为咖啡豆分级的参考标准之二。

（2）按咖啡豆的外部形态差异划分　咖啡豆外部形态作为分级标准的参考指标包括咖啡豆的大小、饱满度、瑕疵率等。物以大为美往往是人类的一种普遍认知，这也被用于了咖啡豆的分级中。咖啡豆的大小是指咖啡豆的长和宽的大小，而大小的衡量单位往往以目（目是指在每一英寸筛网上存在的孔眼的数目，目数越多，其孔眼就越多）来进行衡量，一般咖啡豆的大小在12～18目之间。以咖啡豆大小来划分咖啡豆等级的国家主要是肯尼亚。饱满度同样是划分咖啡豆等级的标准之一，饱满度是指咖啡豆的圆润程度，但由于其难以量化，在大宗商品贸易中并不常见，往往在微量交易中略有应用。除了咖啡豆的大小和饱满度外，咖啡豆的瑕疵率也是咖啡豆分级的重要划分标准之一。咖啡豆的瑕疵率作为分级划分依据应用广泛，瑕疵豆是指未成熟豆、残破豆、霉变豆、虫蛀豆以及小沙子等杂质外来物等。一般随机选取300颗咖啡豆作为豆样，再经过人工分选，从中挑选出瑕疵豆，各瑕疵豆的数量所占咖啡豆样总数的比重即为瑕疵豆率。瑕疵豆率在全球各国的咖啡生豆分级中应用广泛，通常和其他标准一起作为分级依据配合使用。按咖啡豆瑕疵率分级的标准有很多，但有三种常见的标准分别是美国标准USP（US Preparation）、欧洲标准EP（Euro Preparation）、极品标准GP（Gourmet Preparation）。

（3）按咖啡豆的杯测品质差别划分　咖啡杯测是指受过特别训练的杯测人员对样品在相同粉水比、研磨度、浸泡水温等条件下，用感官器官进行味觉、触觉及嗅觉的判断，将所评测的咖啡样品的香气、口感、味道等感受进行具象的文字和数字量化的综合评价。因此，成为一名合格的咖啡师对其感官器官提出了更高的要求，尤其味觉和嗅觉是最为重要的。

杯测分级体制的出现晚于咖啡豆生长环境和咖啡豆大小的分级体制。系统性的杯测方式由美国精品咖啡协会创设，通过一张SCA杯测表，实现对咖啡口感的量化评价，进而实现对咖啡全产业链的一次性量化评价。该表不断创新改良，一直沿用至今。咖啡杯测分级制打破了咖啡豆生长条件和咖啡原生优势分级的局限，强调了咖啡产业全过程的重要性，为精品咖啡的发展助力。

3. 各国咖啡豆的分级

虽说咖啡豆的主流分级标准有咖啡豆生长的海拔高度、咖啡豆的硬度、咖啡豆的大小以及咖啡豆的杯测品质四个指标，但各国并非全盘采纳这四个指标进行分级，而是选取其中部分指标进行组合评级。下面将选取部分主要咖啡生产国进行咖啡分级的介绍。

（1）巴西咖啡豆的分级　巴西通过咖啡豆的大小、瑕疵率、杯测品质进行分级。巴西咖啡产地的海拔较低，这一定程度上限制了咖啡豆以产地来进行分级，所以杯测分级制为巴西咖啡豆分级的主要依据。

巴西采用NY分级法。巴西认为完全没有瑕疵的咖啡豆才能够称为最高级的咖啡豆，即NY.1，但是完全没有瑕疵是不可能实现的，所以目前巴西咖啡豆最高级是NY.2。表3-1所示的是巴西咖啡豆的分级体系。

表3-1　巴西咖啡豆的分级体系

按豆目大小分级		按瑕疵率分级		按杯测品质分级	
类型（Type）	品质（Quality）	类型（Type）	瑕疵豆数量（Defective Rate）	类型（Type）	口感（Mouth Feel）
NY.2	SC-17/18 FC	NY.2	6 以下	Fine Cup（FC，较为常见）	极温和
NY.2/3	SC-16/17 EC	NY.2/3	9	Fine	温和
NY.3/4	SC-14/16 Standard	NY.3	13	Good Cup（GC，较为常见）	稍温和
NY.4/5	SC-14/16 Utility	NY.3/4	21	Fair Cup	艰涩
		NY.4	30	Poor Cup	淡碘味
		NY.4/5	45	Bad Cup	浓烈碘味
		NY.5	60		
		NY.5/6	60以上		

巴西咖啡豆的命名方式为：国家+产区（港口）+分级名称+杯测质量。例如Brazil Santos NY.2 GC，就表示巴西Santos产区的2级、杯测为Good Cup的豆子。

（2）中南美洲咖啡豆的分级　中南美洲的咖啡豆分级体系主要依据海拔高度，以此反映咖啡豆的硬度与品质。普通而言，SHG和SHB是同一级别的不同表达方式，它们分别代表Strictly High Grown和Strictly Hard Bean，意味着这些咖啡豆来自极高海拔地区，品质上乘，硬度极高。而HG和HB同样作为同一级别的不同表述，即Hight Grown和Hard Bean，则指的是生长在较低海拔的硬豆，虽然品质与SHG/SHB相比稍逊一筹，但仍有其独特风味。

值得注意的是，各国对于SHG/SHB和HG/HB的具体海拔定义有所差异，这反映了不同国家咖啡豆种植环境的独特性。在此基础上，各国还根据本国特色进行二次分级，以更细致地划分咖啡豆的品质。例如，危地马拉就有一套完整的咖啡豆分级体系，充分展示了其咖啡豆的多样性和丰富性。表3-2所示的是危地马拉咖啡豆的分级体系。

表3-2　危地马拉咖啡豆的分级体系

级别	海拔高度
SHB（Strictly Hard Bean，极硬豆）	>1500m
HB（Hard Bean，硬豆）	1350～1500m
SH（Semi Hard Bean，稍硬豆）	1200～1350m
EPW（Extra Prime Washed，特优水洗豆）	1000～1200m
PW（Prime Washed，优质水洗豆）	850～1000m
EGW（Extra Good Washed，特良水洗豆）	700～850m
GW（Good Washed，良质水洗豆）	<700m

（3）肯尼亚咖啡豆的分级　肯尼亚坐落于非洲东部，海拔偏高，平均海拔在1500m左右，非常适合优质咖啡豆的生产。非洲作为咖啡的发源地，肯尼亚是非洲咖啡生产上的一颗明珠。

肯尼亚的咖啡分级体系成熟且严谨，往往以咖啡豆的质量和大小作为咖啡豆分级的依据。表3-3所示的是肯尼亚咖啡豆的分级体系。

表3-3　肯尼亚咖啡豆的分级体系

按豆目大小分级		按杯测质量分级	
等级（Grade）	标准（Standard）	等级（Grade）	标准（Standard）
E（Elephant）	象豆，大于18目	Fine	浓郁香气、平衡的酸度以及持久的余味
AA	17～18目	Good	清晰风味轮廓、适中酸度、良好的口感
AB	15～16目	Fair to Good	平衡的味道和适中的酸度
C	14～15目	Fair to Average Quality	均衡的风味和口感，最常见
PB	圆豆	Fair	缺乏一些鲜明的风味特点
TT	从AA与AB级豆子里，用气流筛选出来的软豆	Poor to Fair	较高的酸度或苦味
T	小于TT级的轻型豆、碎豆	Finally Poor	不平衡的味道、粗糙的口感和短暂余味
UG	未评级的豆子		
MH/ML	未经过水洗处理和挑选，采摘后剩下的用日晒法处理的豆子		

肯尼亚咖啡豆的命名方式为：国家+分级名称+杯测质量。例如，Kenya AB FAQ，就是肯尼亚AB级、杯测等级合格的咖啡豆。

（4）印度尼西亚咖啡豆的分级　印度尼西亚的爪哇岛位于赤道附近，拥有岛屿型微型小气候，非常适合咖啡豆生长。印度尼西亚咖啡豆种植历史悠久，其咖啡豆处理方法为湿刨法，处理方式较为粗糙，经常使咖啡豆两端被压碎和挤伤。因此，其咖啡豆的瑕疵率普遍偏高。这就使其咖啡豆处理方法多了一个人工手动挑选剔除瑕疵豆的步骤。这也被应用于其咖啡豆的分级中，以此进一步明确咖啡豆的质量。

印度尼西亚的咖啡豆分级体系主要以咖啡豆的瑕疵率为级依据，再辅之以咖啡豆的品种、处理方法和人工选豆次数。表3-4所示的就是印度尼西亚咖啡豆的分级体系。

表3-4　印度尼西亚咖啡豆的分级体系

按瑕疵率分级		处理方式标识		人工挑豆标识	
等级（Grade）	瑕疵率标准（Standard）（每300样豆中的瑕疵豆数）	标识	处理方式	标识	挑选次数
G1	0～11	WP（Wet Processed）	湿刨法	D/P（Double Picked）	二次手选
G2	12～25	DP（Dry Processed）	干燥法/日晒法	T/P（Triple Picked）	三次手选
G3	26～44	AP（After Polished）	抛光（除银皮）		
G4a	45～60				
G4b	61～80				
G5	81～150				
G6	151～225				

印度尼西亚咖啡豆的命名方式为：国家+分级名称，例如Indonesia G2/Indonesia W.I.B。

（5）我国云南咖啡豆的分级　我国咖啡豆种植起步较晚，主要集中在云南和海南等地，以云南为主产区。云南位于云贵高原之上，拥有普遍较高的海拔，加之受青藏高原和印度洋的季风影响，拥有咖啡生长所喜好的微型气候。

云南咖啡豆的分级体系由当地政府联合社会咖啡组织共同发起，通过举办多种咖啡比赛，云南咖啡逐渐走向世界舞台，并拥有了自己的一套初级分级体系。云南咖啡豆的分级体系采用咖啡豆颗粒大小和咖啡豆瑕疵率来综合进行分级；而至于杯测品质，由于普及较晚，各个庄园都有自己的一套杯测体系，暂时未纳入到分级体系中。表3-5所示的就是云南咖啡豆的分级体系。

表3-5　云南咖啡豆的分级体系

等级	豆目数大小及瑕疵豆
一级	6.5mm以上，颗粒饱满
二级	6.0～6.4mm，颗粒饱满、较均匀
三级	5.5～5.9mm，颗粒较饱满、稍欠均匀
四级	5.0～5.4mm，完整豆占75%以上
五级	5.0mm以下，完整豆占30%以上

我国云南咖啡豆的命名采用“产地+分级名称”的命名方式。例如，中国云南普洱水洗一级。

知识卡片 精品咖啡协会（SCA）

精品咖啡协会（Specialty Coffee Association，SCA）是全球最大、最具影响力的精品咖啡组织之一。它是由美国精品咖啡协会（SCAA）和欧洲精品咖啡协会（SCAE）于2017年合并而成。SCA的成立旨在提供一个国际性的平台，促进咖啡行业的沟通和合作，推动咖啡供应链的可持续发展，推广高品质咖啡的文化和价值。

除了国际精品咖啡协会，许多国家都设有自己的精品咖啡协会。它们的目标是推动本国咖啡产业的发展，提高咖啡品质和消费者的咖啡意识。这些协会通常会组织培训、比赛、展览、研讨会等活动，为咖啡从业人员和消费者提供交流和学习的机会，推动本国精品咖啡的发展和壮大。

任务介绍

选取咖啡豆，除了通过学习熟知世界知名咖啡庄园和各地区咖啡豆的分级体系，根据自身需求和购买能力，选购指定庄园咖啡豆或是带标咖啡豆之外，还可以通过调动人体的感觉器官来挑选优质咖啡豆。

任务实施

一、准备工作

准备一批未筛选过的咖啡豆、若干个咖啡豆盘以及相应标签纸。

未筛选过的咖啡豆

咖啡豆盘

标签纸

二、操作步骤

步骤一：咖啡豆盘贴标签分类

咖啡豆选取可以通过观色、观形、闻香等方式进行。准备若干张标签纸，分别按下表内容命名：“S-新豆”表示通过观色法选出的新鲜咖啡豆，“S-1年豆”表示通过观色法选出的1年咖啡豆，“S-多年豆”表示通过观色法选出的多年咖啡豆，“X-瑕疵豆”表示通过观形法选出的瑕疵豆，“X-优质豆”表示通过观形法选出的优质豆，“W-新豆”表示通过闻香法选出的新豆，“W-老豆”表示通过闻香法选出的老豆。

选豆方法	观色法			观形法		闻香法	
标签	S-新豆	S-1年豆	S-多年豆	X-瑕疵豆	X-优质豆	W-新豆	W-老豆

而后将标签纸贴于每个咖啡豆盘上，并将带标签的咖啡豆盘按选豆方法分区摆放。

步骤二：选取咖啡豆

观色法选取咖啡豆。通过观察咖啡豆的颜色，将呈现淡绿色光泽的咖啡豆放于“S-新豆”豆盘，将呈现淡绿色且带有淡黄色的咖啡豆放于“S-1年豆”豆盘，将呈现黄色的咖啡豆放于“S-多年豆”豆盘。冲泡咖啡一般选取新鲜咖啡豆，即“S-新豆”豆盘中的咖啡豆；如喜好老豆温和、醇厚、柔和顺口的口感就选取其他两个豆盘中的咖啡豆冲泡。

观形法选取咖啡豆。通过观察咖啡豆的形状来选取咖啡豆，将大小均匀、豆形饱满的咖啡豆放于“X-优质豆”豆盘，将变形、虫蛀、干瘪、残破的咖啡豆放于贴有“X-瑕疵豆”豆盘。冲泡咖啡时选取“X-优质豆”豆盘中的优质咖啡豆冲泡。

闻香法选取咖啡豆。通过调动嗅觉来识别咖啡豆的新旧。将有较浓酸味和香味的咖啡豆放于“W-新豆”豆盘中，将酸味和香味较淡的咖啡豆放于“W-老豆”豆盘中。同上，根据个人喜好选择新豆或是老豆进行咖啡冲泡。

学习评价

根据所学知识技能，进行任务实施，并开展师生评价。

评价项目	分数	学生自评（50%）	教师评分（50%）	总分
掌握各地区咖啡豆的分级体系	30			
了解世界知名的咖啡庄园	20			
能够通过感觉器官挑选咖啡豆	30			
学习态度端正、遵守纪律	10			
能进行团队协作、相互沟通	10			
合　计	100			

拓展阅读 咖啡庄园的演变与未来趋势

随着全球咖啡文化的兴起和消费者对于咖啡品质的追求，咖啡庄园的发展也正在经历着一场深刻的变革。从传统的咖啡产区到现代化、可持续的生产方式，咖啡庄园正不断适应市场需求和环境变化，呈现出新的发展趋势。

1. 可持续生产的兴起

随着对环境和社会责任的重视，越来越多的咖啡庄园开始转向可持续的生产方式，这包括采用有机农业和生态友好的种植技术，减少化学肥料和农药的使用，关注土壤保护和水资源管理，以及关心农场工人的生活条件。可持续生产不仅符合消费者对于高品质、健康和环保的追求，也有助于咖啡庄园的长期发展。

2. 区域特色与品质追求

越来越多的咖啡庄园开始注重打造自己的区域特色和品牌形象。一些特定产区的咖啡因其独特的土壤、气候和海拔高度，呈现出独特的风味和口感，比如哥伦比亚的甜味和肯尼亚的酸度。庄园通过保留特色，讲述自己的故事，并与全球市场分享，提升了自身的品牌价值和市场竞争力。

3. 技术创新与数字化管理

现代技术的运用也为咖啡庄园带来了革命性的变化。智能农业技术和数据分析的应用使得庄园主能够更好地监控农作物生长、管理土壤质量，甚至预测天气变化对庄园产量的影响。数字化管理不仅提高了生产效率，也有助于优化咖啡品质，满足不断提升的市场需求。

4. 专业培训和社区合作

为了迎合消费者对高品质咖啡的追求，咖啡庄园越来越注重农场工人的培训和教育。专业的咖啡品鉴师、种植技术培训等项目逐渐兴起，不仅提升了咖啡生产者的技能水平，也增进了庄园内部的团队合作和社区发展。

咖啡庄园在持续发展中面临着诸多挑战，但也充满了希望。未来，随着科技的进步、可持续发展理念的深入，以及对品质的追求，咖啡庄园将更加注重生态环境的保护、技术创新的应用，打造更具特色和高品质的咖啡产业。同时，社区参与和合作将继续推动咖啡庄园的发展，促进可持续生产和社会责任的实践。

实训练习

1. 咖啡分级产生于（　　）咖啡发展浪潮。

A. 第一波　　B. 第二波　　C. 第三波

2. 下列选项中不属于咖啡分级依据的是（　　）。

A. 咖啡豆大小　　B. 咖啡豆硬度　　C. 咖啡豆的名称　　D. 咖啡豆的杯测品质

3. 下列说法正确的是（　　）。

A. 全球拥有统一的咖啡豆分级体系

B. 全球拥有未统一的咖啡豆分级体系

C. 不知道

4. 下列分级方法中属于巴西咖啡豆分级方法的是（　　）。

A. 随机分级法　　B. Grade分级法　　C. NY分级法

5. 下列说法正确的是（　　）。

A. 云南咖啡豆的杯测标准体系已经统一

B. 云南咖啡豆的杯测标准体系未经统一

C. 不清楚

6. 巴西咖啡豆、肯尼亚咖啡豆、印度尼西亚咖啡豆、中国云南咖啡豆的命名方式分别是________、________、________、________。

7. 影响咖啡豆生长的因素有________________。

8. 咖啡庄园概念产生于第________波咖啡发展浪潮。

9. 翡翠庄园位于________________国家。

10. 皇后庄园咖啡豆采摘的方式是________________。

任务二　咖啡豆的研磨

任务目标

- 识别咖啡研磨度。
- 了解咖啡磨豆机的类型及刀盘类型。
- 熟悉并掌握意式咖啡磨豆机的使用方法。
- 具备咖啡研磨技能。

咖啡豆的研磨

理论知识

一、咖啡研磨度

咖啡研磨度按咖啡粉粗细程度一般分为四级：粗度研磨、中度研磨、细度研磨、极细度研磨（见表3-6）。而萃取器具的选择以及咖啡味道的偏好是决定咖啡研磨度的关键因素。

表3-6 咖啡研磨度的不同等级

研磨度	大小形状	萃取方式	味道
粗度研磨	粗砂糖大小的颗粒	法式滤压壶 过滤式咖啡壶	少苦味，强酸味
中度研磨	介于粗砂糖和细砂糖之间的颗粒	滤纸滴漏 法兰绒滴漏	酸苦味平衡
细度研磨	细砂糖大小的颗粒	滤压壶 滤纸滴漏	较苦而醇厚
极细度研磨	粉末状	浓缩咖啡机	苦味突出，酸味几乎没有

二、咖啡磨豆机的类型和核心部件

咖啡磨豆机的类型多样，按不同分类方法可以分成不同的种类。按其动力来源的不同可分为手摇式咖啡磨豆机和电动式咖啡磨豆机。电动式咖啡磨豆机按其用途的不同可分为意式咖啡磨豆机和单品咖啡磨豆机，而意式咖啡磨豆机又可分为自动定量式咖啡磨豆机和手动拨粉式咖啡磨豆机。

咖啡磨豆机的核心部件是刀盘，是决定磨出咖啡粉末均匀与否的关键。刀盘主要分为三种类型：平形刀盘、锥形刀盘和鬼齿形刀盘（见表3-7）。

表3-7 刀盘类型

刀盘外形	刀盘名称	适用机型	出粉形态	适用场景及研磨量
	平形刀盘	意式咖啡磨豆机	片状	大量研磨，适用于一般咖啡店
	锥形刀盘	单品咖啡磨豆机	类长方形状	少量研磨，适用于精品咖啡店及自用
	鬼齿形刀盘	手摇式咖啡磨豆机	菱形颗粒状	少量研磨，适用于精品咖啡店及自用

知识卡片 间歇式研磨法

研磨时间会对咖啡的味道产生影响。研磨时间过长可能导致咖啡豆发热，从而影响咖啡的口感。因此，建议在研磨咖啡豆时使用间歇式研磨法。在研磨的过程中，每隔一段时间停顿一下，让研磨器冷却。这样可以防止过热，并保持咖啡豆的新鲜度。

任务介绍

同学们，结合相关理论知识，认识咖啡磨豆机，并在老师指导下进行意式咖啡磨豆机的操作，完成咖啡豆研磨。

任务实施

学习完咖啡豆和磨豆机的相关知识后，尝试完成手摇式咖啡磨豆机、自动定量式咖啡磨豆机及手动拨粉式咖啡磨豆机的操作。

任务1：手摇式咖啡磨豆机的操作

一、准备工作

器具：手摇式咖啡磨豆机、咖啡粉杯
材料：咖啡豆

手摇式咖啡磨豆机

咖啡粉杯

二、操作步骤

步骤一：调整磨度

手摇式咖啡磨豆机通常有一个磨度调节旋钮或拨轮，用于调整磨盘的距离，从而控制咖啡豆的研磨粗细程度。根据需求，进行合适的磨度设置。

步骤二：加入咖啡豆

打开磨豆机的盖子或取出磨豆机的磨盘，将适量的咖啡豆倒入豆仓中。根据需求和咖啡的种类，决定放入多少咖啡豆。

手摇式磨豆机磨度调节旋钮

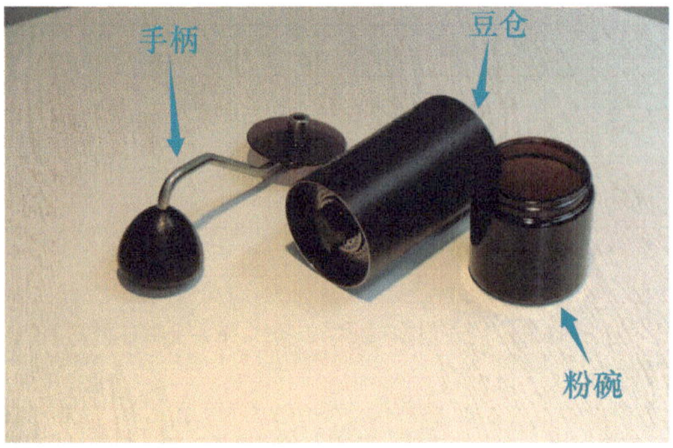

手摇式咖啡磨豆机部件

步骤三：固定磨盘或盖子

将磨盘或盖子固定好，以确保咖啡豆在磨豆机中稳定地旋转。

步骤四：开始磨豆

根据个人习惯，用一只手握住磨豆机机身，另一只手握住手柄开始磨豆。手摇式磨豆机的手柄通常在侧面或顶部，用适度的力道和速度旋转手柄，保持稳定的手柄旋转的角度和速度，以确保咖啡豆被均匀研磨。

旋转手柄磨豆

通过透明的或半透明的磨豆机壳，观察咖啡粉的粗细，判断是否需要调整研磨度或磨豆的时间。

步骤五：清理磨豆机

持续旋转手柄直到咖啡豆完全磨碎成粉末。之后将磨豆机中残留的咖啡粉倒入咖啡粉容器或垃圾桶中，用刷子或干净的布清洁磨豆机的磨盘和其他部件。

注意事项

控制磨豆的速度和力度：磨豆时，要保持稳定的手柄旋转的角度和速度，以确保咖啡豆被均匀研磨。不要过于用力或过于急促地旋转手柄，这可能导致过度研磨或不均匀研磨。

观察咖啡粉的质感：根据咖啡粉的颗粒大小和质感，判断是否达到所需的磨碎程度。需要根据实际情况进行微调，以获得最佳的磨豆效果。

注意磨豆机的稳定性：在使用手摇磨豆机时，确保其稳定放置于平整的表面上，以免磨豆机在操作过程中移动或倾斜。

任务2：自动定量式咖啡磨豆机的操作

一、准备工作

器具：自动定量式咖啡磨豆机、咖啡粉杯

材料：咖啡豆

自动定量式咖啡磨豆机

咖啡粉杯

二、操作步骤

步骤一：加入咖啡豆

首先观察豆仓的开关状态，如果开关是开启状态，则先将开关关闭，待磨豆时再将其打开。而后将咖啡磨豆机豆仓盖打开，再将适量咖啡豆倒入豆仓中，最后盖上咖啡磨豆机豆仓盖，防止异物进入。

豆仓开关的操作

步骤二：打开电源开关

打开电源开关（或连接电源插座），观察电源灯状态。电源指示灯亮起，则磨豆机成功开启。

步骤三：调试研磨量

根据咖啡粉杯的盛粉量及所需咖啡粉量调试研磨量，可选择单份、双份、三粉等研磨量，转动按钮至相应刻度即可。

如果遇到咖啡粉量不足时则使用手动按钮来补充咖啡粉。手动按钮使用有两种方式：一种是按下即出粉，松手即停止出粉；而另一种则是长按1～2s出粉，遵循“按一次按钮出一次粉”的原则。

步骤四：研磨咖啡粉

首先将粉杯平放在填粉架上，并对准出粉口；然后轻轻点击“开始”按钮，咖啡磨豆机开始研磨。

研磨量调整按钮

放置粉杯

步骤五：取粉并关闭电源

握住手柄轻轻取出粉杯，注意在取出过程中根据粉的堆积形态适当倾斜粉杯，以使咖啡粉尽量处于粉杯中间的位置。

最后，确定短时间内不再使用机器，擦干手上的水分，切断电源即可。

注意事项

咖啡磨豆机检查。首先一定注意检查用电环境是否安全、机器电路是否完好。其次在开始磨豆前应检查豆仓开关是否开启，防止机器空转。

任务3：手动拨粉式咖啡磨豆机的操作

一、准备工作

器具：手动拨粉式咖啡磨豆机、咖啡粉杯

材料：咖啡豆

手动拨粉式咖啡磨豆机

咖啡粉杯

二、操作步骤

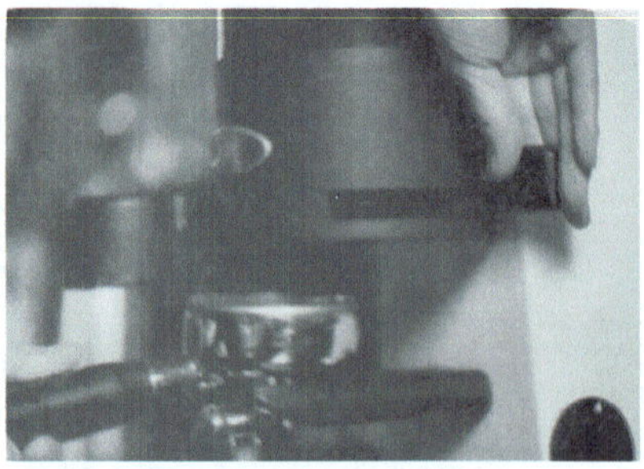

拉动拨粉把手

手动拨粉式咖啡磨豆机操作步骤与自动定量式咖啡磨豆机的操作步骤基本相同，区别就在于前者是通过拨粉把手调节磨粉量，而后者是通过按钮设定来调节磨粉量。这里只介绍咖啡粉取用操作。

豆仓中加入咖啡豆，打开电源研磨咖啡豆；待咖啡豆研磨完毕，指示灯亮起，方可取用咖啡粉。将咖啡手柄粉杯放置在填粉架上，轻轻调整其位置使其对准出粉口，而后通过拉动拨粉把手至末端，取用咖啡粉。待出粉量达到预期需要量时，再通过拉动拨粉把手至初始位置，完成取粉。

完成咖啡粉研磨工作后，确定短时间内不再使用咖啡磨豆机，即可关闭咖啡磨豆机，再拔掉电源。

注意事项

1. 磨豆机豆仓开关。如遇到磨豆机不出粉，检查一下豆仓开关是否打开，如没有，则将其开启。若咖啡豆仓开关未打开，咖啡豆则无法进入刀盘部位被研磨。

2. 咖啡豆称量。咖啡豆需要量以需要萃取咖啡的杯数来确定。通常来讲，一杯咖啡大概300mL，需要20g左右的咖啡豆。

3. 咖啡磨豆机研磨度调整。当研磨出的咖啡粉与预期粗细相差较大时，就需要调整刀盘刻度来调整机器的研磨度。首先，找到磨豆机转盘卡扣，按下卡扣，开启转盘调试。然后根据预期出粉粗细，转动转盘来调试研磨度。一般来讲，顺时针旋转转盘表示加粗研磨度，反之则加细研磨度。此外，有的磨豆机转盘上也会有刻度标识，数字越大表示越粗，反之则越细。

学习评价

根据所学知识技能，练习咖啡豆研磨，并开展师生评价。

评价项目	分数	学生自评（50%）	教师评分（50%）	总分
了解咖啡研磨度	10			
掌握意式咖啡磨豆机的使用方法	20			
能够精确控制咖啡粉的粗细	20			
保证咖啡粉杯中的咖啡粉平整	20			
正确操作机器，注意用电安全	10			
学习态度端正、遵守纪律	10			
能进行团队协作、相互沟通	10			
合　计	100			

拓展阅读　咖啡研磨新技术的崭新前景

随着咖啡文化的兴起，咖啡研磨技术也在不断演进。传统的研磨方式在保持颗粒均匀度和粒度控制方面存在一定的难度，但是现代科技的介入为咖啡研磨带来了全新的前景。

1. 高速旋转研磨技术

高速旋转研磨机的问世成为咖啡研磨领域的一次革新。这种研磨机器利用高速旋转刀片或刀盘，能够以更高的速度和更精确的控制将咖啡豆研磨成更为均匀的颗粒。通过调整旋转速度和研磨时间，可以实现更加精细的研磨，提升了研磨的效率和一致性，带来了更出色的咖啡萃取结果。

2. 智能化调节与精准控制

新一代的智能研磨设备结合了先进的传感器和精准的调节系统，使得咖啡研磨更加智能化和精确化。这些设备能够自动识别和调整研磨的参数，如研磨时间、速度和磨盘压力，根据咖啡豆的品种和状况进行自适应调整，确保研磨的一致性和最佳品质。

3. 气动研磨技术的应用

气动研磨技术是另一项颇具潜力的创新。这种技术利用气流精确地控制研磨过程，通过调整气流压力和方向，实现对咖啡豆的细微粒度调节。相较于传统磨豆机，气动研磨设备具有更高的精度和更低的研磨热量产生，有助于保留咖啡豆的风味和香气。

这些新兴的咖啡研磨技术为咖啡制作者带来了更多的选择和可能性。未来，随着技术的不断创新和应用，咖啡研磨将更加精准、智能化，甚至可能出现个性化定制的研磨方案。这些技术的发展将进一步提升咖啡品质，满足消费者不断提升的口味需求，同时也将推动咖啡产业迈向更加可持续和创新的未来。

讨论交流

讨论1：咖啡研磨度对口感有何影响？

讨论2：手动咖啡磨豆机如何调试其刻度？

讨论3：如何精确研磨出预期粗细的咖啡粉？

实训练习

1. 咖啡研磨度有（　　）级。

A. 1　　B. 2　　C. 3　　D. 4

2. 中度研磨咖啡粉的形态是（　　）。

A. 粗砂糖大小颗粒　　B. 介于粗砂糖和细砂糖之间的颗粒

C. 细砂糖大小颗粒　　D. 粉末状

3. 按其用途不同，咖啡磨豆机分为（　　）。

A. 手摇咖啡磨豆机和电动咖啡磨豆机

B. 意式咖啡磨豆机和手摇咖啡磨豆机

C. 单品咖啡磨豆机和意式咖啡磨豆机

4. 鬼齿形刀盘磨出的咖啡粉形态是（　　）。

A. 片状　　B. 圆形状　　C. 菱形状　　D. 三角形状

5. 平行刀盘磨出的咖啡粉形态是（　　）。

A. 片状　　B. 圆形状　　C. 菱形状　　D. 三角形状

6. 咖啡磨豆机主要分为两大类，一类是________，另一类是________。

7. 刀盘的形状对咖啡豆研磨的影响很大，常见的刀盘形状有平形刀盘、________和________。

8. 商业场所的高产能咖啡磨豆机通常采用________刀盘，可以快速、均匀地磨出大量咖啡粉。

任务三　咖啡磨豆机的日常清洁与保养

任务目标

- 了解咖啡磨豆机清洁与保养的重要性。
- 认识并熟知咖啡磨豆机清洁与保养工具及对应名称。
- 熟悉并掌握咖啡磨豆机清洁与保养的步骤及方法。

清洗磨豆机

理论知识

咖啡豆经过烘焙，富含丰富的油脂，经过咖啡磨豆机刀盘的研磨，咖啡豆油脂被释放，一部分留存在咖啡粉中，另一部分则残留在磨盘以及磨豆机中。如果未及时清洁保养磨豆机，随着油脂的堆积，油脂与空气中的水分等产生反应而水解产生游离脂肪酸，就会产生一股难闻的气味，这会极大地影响下一杯咖啡的风味。

知识卡片　自制磨豆机清洗剂

自制清洗剂是一种环保和经济的选择。白醋具有杀菌和去除油脂的作用，柠檬汁具有消毒和去除异味的作用，苏打水则可以去除积累的咖啡渣和油脂。将其稀释后涂抹在咖啡磨豆机的表面和零件上，然后用刷子或布擦拭。清洗后，用清水彻底清洗掉残留物即可。

注意，使用自制清洗剂时，要确保合适的稀释比例。不同的清洗剂可能对咖啡机的材料有不同的影响，所以要小心使用、彻底冲洗残留物，避免对咖啡磨豆机造成损害。

使用自制清洗剂时，清洗频率与使用商业清洗剂相同，2~4周进行一次比较彻底的清洗为宜。

任务介绍

在学习了咖啡磨豆机清洁保养的相关知识后，接下来要在教师的指导下，对咖啡磨豆机进行清洁保养。以常用的自动定量式磨豆机为例，完成相关清洁保养任务。其他磨豆机的清洁保养请同学们在课后自学完成。

任务实施

一、准备工作

准备好清洁保养咖啡磨豆机的器具，包括咖啡定量勺、咖啡粉刷、咖啡机专用抹布、咖啡磨豆机气吹清洁器以及若干密封袋等，依次整齐放置于台面。

咖啡定量勺

咖啡粉刷

咖啡机专用抹布

咖啡磨豆机气吹清洁器

二、操作步骤

步骤一：拆解磨豆机部件

首先在电源关闭的前提下，关闭豆仓开关；然后双手托住豆仓往上提，取下豆仓（如果是有螺钉或暗扣固定的豆仓，需将其解开再取豆仓）；用螺丝刀拧开固定磨盘的螺钉后，手握磨盘上方刻度盘的把手并顺时针转动，拆下刻度盘后取出磨盘。

取豆仓

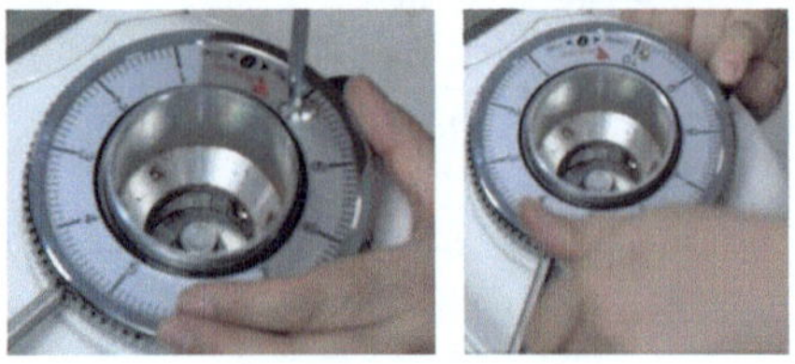
拆解刻度盘

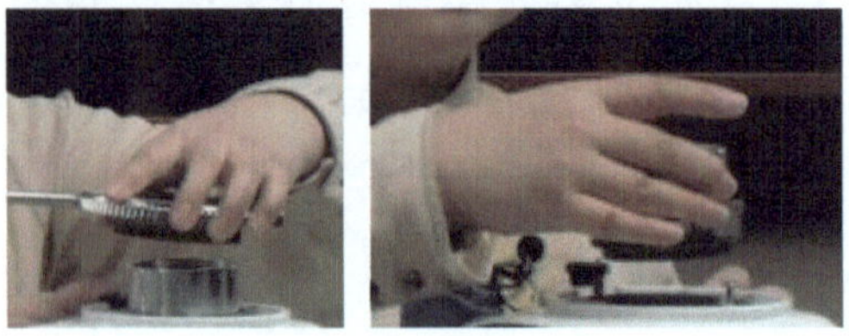
取磨盘

步骤二：取出残留咖啡豆

首先取出豆仓内残留的咖啡豆并将其倒入密封袋，进行密封保存，使咖啡豆香气的挥发速度减缓。然后用定量勺将磨盘内残留的咖啡豆取出，同样放入密封袋中进行密封保存。切忌用手直接抓取咖啡豆。

步骤三：清洁豆仓

首先用咖啡粉刷沿一个方向清理掉豆仓内残留的咖啡粉末。然后用白色内里清洁抹布打湿热水后拧干，同样沿一个方向擦拭豆仓内壁。注意观察，豆仓内壁若仍残留咖啡粉末或油脂，可重复上一步操作，直到内壁光亮无异物。

其次，再换用黑色外表清洁抹布打湿热水拧干，沿一个方向擦拭豆仓外壁，可多次操作直到外壁达到洁净状态。

最后，用咖啡磨豆机气吹清洁器将豆仓中的水分吹干，防止水分下流，腐蚀刀盘。

步骤四：清洁磨盘

先用咖啡粉刷清洁磨盘，再用气吹清洁器沿一个方向清扫磨盘里残留的咖啡粉末及其他异物，而后用白色内里清洁抹布打湿热水拧干，沿一个方向擦拭磨盘。最后用咖啡磨豆机气吹清洁器将豆仓中的水分吹干，防止腐蚀刀盘。

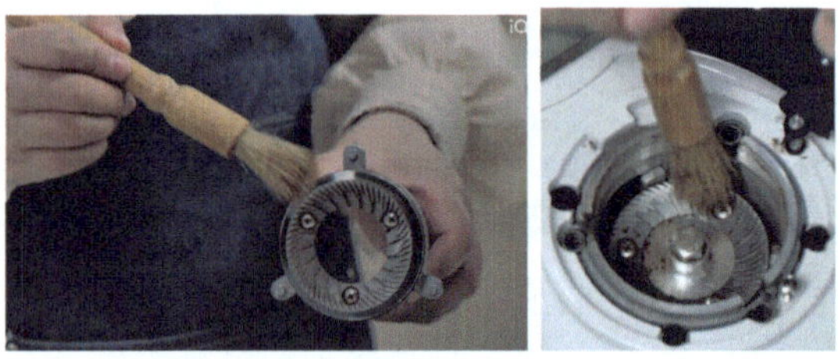
咖啡粉刷清洁磨盘

步骤五：清洁粉仓和出粉口

如使用的是手动拨粉式磨豆机，则需要取出粉仓，同清洁豆仓的步骤一样，先后用粉刷、内里清洁抹布、外表清洁抹布、咖啡磨豆机气吹清洁器对粉仓和出粉口进行清洁保养，最后再将粉仓复位。

步骤六：整体外观保养

先用干净粉刷将磨豆机整体清扫一遍，使表面无残留的咖啡粉末；而后用黑色外表清洁抹布将整个磨豆机擦拭一遍；最后用咖啡磨豆机气吹清洁器将外表残留的水分吹干，防止腐蚀机器。

步骤七：清洁残粉盘和工作台

取出残粉盘，同样按豆仓清洁步骤清理干净残粉盘，而后将其复位。再用黑色外表清洁抹布打湿热水拧干将工作台面清理干净。

注意事项

1. 残留水分清理。如遇咖啡磨豆机机身和内部有残留水分，一定用咖啡磨豆机气吹清洁器将水分吹干，防止机器腐蚀。

2. 咖啡磨豆机清洁保养的流程。咖啡磨豆机的清洁保养是以咖啡机身为参照，由上而下、由里而外进行的，这样可以避免二次污染机器。

3. 咖啡磨豆机清洁的频率。日常清理可以每天在结束作业工作后进行一次，而内部刀盘和轴承的拆卸保养视情况而定，可以请专业人员一两个月保养一次。

学习评价

根据所学知识技能，练习咖啡磨豆机的清洁保养，并开展师生评价。

评价项目	分数	学生自评（50%）	教师评分（50%）	总分
了解咖啡磨豆机清洁保养的重要性	20			
掌握咖啡磨豆机清洁保养的步骤	20			
能够准确完成咖啡磨豆机的基本拆解安装	20			
能够准确使用清洁工具	20			
学习态度端正、遵守纪律	10			
能进行团队协作、相互沟通	10			
合　计	100			

拓展阅读　咖啡机清洗店：清洁产业的新生力量

随着全球咖啡文化的迅速发展，咖啡机清洗店作为咖啡产业链中不可或缺的一环，正在成为备受关注的新兴领域。这些清洗店的涌现不仅满足了咖啡爱好者对于咖啡机清洁的需求，也为产业链带来了新的商机和发展机遇。

咖啡机清洗店作为专门为咖啡机提供清洁服务的机构，近年来逐渐兴起并蓬勃发展。随着更多人追求高品质咖啡和咖啡文化的兴起，用户对咖啡机保养的重视程度也日益提升。这导致了咖啡机清洗店的需求量持续上升。

这些清洗店的运营模式多样，有些是独立经营的专业店铺，也有些是咖啡店、器具销售店内设的清洗服务点。他们通常提供各种规模的咖啡机清洗服务，从家用咖啡机到商业级专业设备，涵盖了不同用户群体的需求。

咖啡机清洗店的服务不仅仅是简单的机器清洗，还包括了对咖啡机内部结构的深度清洁、维护和保养，甚至是零部件更换等专业化服务。他们通常采用先进的清洁技术和清洗剂，以确保清洁质量和用户体验。

随着人们对于咖啡品质和机器保养需求的不断增长，咖啡机清洗店有望在未来持续发展。随着科技的不断进步，清洗店或许还会推出更智能化的清洗设备和更个性化的清洗方案，以满足不同用户的需求。此外，咖啡机清洗店也有望拓展更多的增值服务，以提供更全面的解决方案。

讨论交流

讨论1：咖啡磨豆机清洁保养的顺序可否颠倒？

讨论2：如果长期不清理咖啡磨豆机，会有哪些方面的影响？

实训练习

1. 可以使用肥皂水清洗磨盘和其他零部件。（　　）

A. 对　　B. 错

2. 及时清洁咖啡磨豆机可以防止咖啡残渣积聚。（　　）

A. 是　　B. 否　　C. 可能是

3. 通过清洁机器可提高咖啡磨豆机的使用寿命。（　　）

A. 对　　B. 错

4. 清洁咖啡磨豆机的最佳频率是（　　）。

A. 每月一次　　B. 每季度一次　　C. 每周一次

5. 清洁咖啡磨豆机时，需要特别注意清洁（　　）。

A. 磨盘　　B. 咖啡渣收集容器

C. 机器外壳　　D. 以上都是

项目四

意式咖啡制作

项目提要

在了解咖啡基础知识与咖啡豆的选取研磨后，本项目进入意式咖啡制作环节，主要介绍意式咖啡的基础知识和相关制作技巧，如意式咖啡奶泡制作、意式浓缩萃取、基本拉花技巧，以及四种主要的意式咖啡制作，包括卡布奇诺咖啡制作、摩卡咖啡制作、拿铁咖啡制作、澳白咖啡制作，最后简要介绍八种传统意式花式咖啡的制作，全面掌握意式咖啡的知识与制作技巧。

项目内容

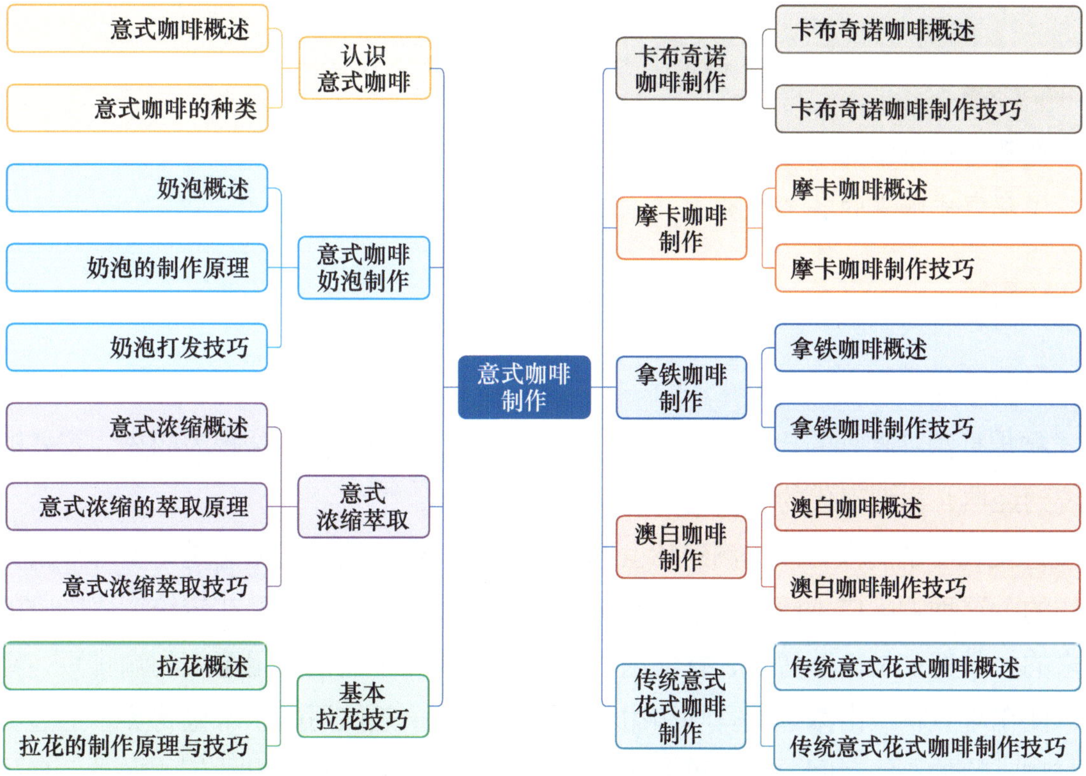

引入案例 咖啡制作初体验

小陈在学习完咖啡制作的相关知识与咖啡豆的选取与研磨后，店长让小陈尝试自己做一杯基础的意式浓缩咖啡。小陈以为自己掌握的咖啡制作知识已经非常充足了，何况意式浓缩咖啡只需要在咖啡机上简单操作，所以信心满满。一通操作后，小陈做好了一杯意式浓缩咖啡，店长让小陈先尝一下，小陈一尝，又酸又涩，和平时喝到的味道相差甚远。于是店长带小陈看他萃取后的咖啡粉，咖啡粉一边厚一边薄，有一边甚至没有萃取完全。店长告诉小陈："要做一杯咖啡很容易，要做一杯味型俱佳的咖啡并不简单。尤其是意式咖啡，虽然看起来很简单，但因为味道的传统与普遍，对咖啡制作技术的要求更高，一定要用心学习。"小陈这才发现咖啡制作起来并不容易，请求跟店长学习意式咖啡制作的步骤，并一一记下笔记。

阅读思考：

1. 小陈制作的意式浓缩咖啡为什么又苦又涩？
2. 除了意式浓缩咖啡的萃取，同学们还知道哪些意式咖啡制作的技巧？

任务一　认识意式咖啡

任务目标

- 熟悉意式咖啡的基础知识。
- 了解意式咖啡的各个种类。

理论知识

一、意式咖啡概述

意式咖啡是浓缩咖啡的代表。意式咖啡的口感浓郁，苦味和酸味较为明显。意式咖啡经历了从传统到经典，再到现代的演变过程。

传统意式咖啡的制作可以追溯到18世纪的意大利。传统的意式咖啡是将咖啡豆磨碎后混合热水制作的，这种咖啡口感清淡，带有酸味和苦味。经典意式咖啡是在传统意式咖啡的基础上发展而来的，其特点是口感醇厚、香气浓郁。经典意式咖啡通常使用意大利咖啡豆，经过深度烘焙后，使咖啡豆释放出浓郁的香气和甜味；在制作时一般使用高压水枪将热水通过咖啡粉，增加水与咖啡粉的接触时间，促进更多咖啡成分被提取，从而制作出浓郁的咖啡。现代意式咖啡是在经典意式咖啡的基础上发展而来的，其特点是口感更加清新、口味酸甜可口。现代意式咖啡使用更加先进的咖啡烘焙技术和研磨技术，制作出的咖啡粉更加细腻，并且可加入适量的糖、牛奶、奶油等配料，以使咖啡的口感更加丰富。

二、意式咖啡的种类

意式咖啡有着丰富多样的类型，每一种都有其独特之处，如口感浓郁的浓缩、柔和平衡的美式、花样众多的拿铁和卡布奇诺等。

1. 意式浓缩咖啡（Espresso）

意式浓缩咖啡是指采用意式咖啡机，在适当的条件（高温、高压）下，使热水在巨大的压力下穿过精细研磨的咖啡粉，萃取出具有丰富油脂、浓郁香气和厚重口感的液体。将浓缩咖啡作为基底，加入各种辅料制成的摩卡咖啡、拿铁咖啡、美式咖啡等都属于意式咖啡的类别。一杯理想的意式浓缩咖啡应该具有丰富绵密的金棕色油脂，入口后酸、甜、苦、醇各种味道浓厚且均衡，香气饱满，余韵干净。

各类意式咖啡均是以意式浓缩咖啡为基底进行调制的，根据不同的萃取方式、加入各种辅料调整比例，可以衍生出各式各样的经典咖啡品类。

2. 卡布奇诺咖啡（Cappuccino）

卡布奇诺咖啡是以意式浓缩咖啡为基底，加入等量牛奶和奶泡混合而成的一种意式咖啡。卡布奇诺咖啡的特点是奶泡与浓缩咖啡融合注入，使得上层有非常细腻丰厚的奶泡，从而提供饱满细腻的口感，这也是其与拿铁咖啡最大的不同。

3. 摩卡咖啡（Mocha）

摩卡咖啡也是一款非常热门的意式咖啡。摩卡咖啡豆的历史悠久，因其在也门的摩卡港出口而得名。摩卡咖啡一般由意大利浓缩咖啡、奶油、牛奶和巧克力混合而成，意式摩卡咖啡最为突出的特点是加入了巧克力酱（粉），使咖啡混合可可后产生独特的焦香微苦的风味。现有白摩卡咖啡与黑摩卡咖啡的变种。

4. 拿铁咖啡（Latte）

拿铁源于意大利文Latte的音译，其在意大利语中意为“牛奶”。拿铁咖啡是意式咖啡中的经典混合咖啡，其制作原料简单，在意式浓缩咖啡的基础上只添加水与牛奶，牛奶多而咖啡少也是拿铁咖啡的特点。拿铁咖啡可算作是“基础款”的意式咖啡。

冰拿铁是将高温的浓缩咖啡淋在冰冻的牛奶上，形成明显的黑白分层，香气淡雅，口感清凉。冰拿铁通常需要立马饮用，才能喝到“冷热交替”的特别口感。

5. 澳白咖啡（Flat White）

澳白咖啡也称为小白咖啡，是一种起源于澳大利亚和新西兰的独特咖啡饮品，以其丝滑、浓郁的口感而闻名。其特点是平滑的牛奶泡沫，与芳香浓郁的咖啡风味相融合。

澳白咖啡受卡布奇诺咖啡制作的启发，减少了牛奶泡沫的厚度，并使用更有力度的蒸汽制造出更细致绵密的泡沫。同时，在制作时会添加更多的浓缩咖啡，充分萃取咖啡豆中的香气和风味，以确保咖啡的浓度和强度，从而产生浓郁的咖啡风味。

议一议

在认识了基本的意式咖啡种类后，你认为制作意式咖啡最重要的步骤是什么？

知识卡片 美式咖啡与玛奇朵咖啡

美式咖啡（Americano）是意式咖啡中最普通的一种，由意式浓缩咖啡加热水混合而成，或者直接用滴滤式咖啡壶制作而成，并不添加其他辅料。由于加入大量热水，咖啡口感较淡，但咖啡因含量较高。最初用于战争时期为美国士兵提升精神、饱腹而用。

玛奇朵咖啡（Macchiato）也是意式咖啡的代表之一，以其独特的制作方式和浓郁的口感而闻名。玛奇朵咖啡与其他传统的意式咖啡有所不同，它由浓缩咖啡和少量牛奶泡沫组成。在制作过程中，先将浓缩咖啡倒入杯子中，然后用勺子轻轻地加入一层牛奶泡沫即可。这样做既能保持浓郁的咖啡味道，又能增添丝丝香甜，使其产生独特而平衡的口感。

除了经典款式外，还有一些变种的玛奇朵咖啡，如焦糖玛奇朵咖啡和巧克力玛奇朵咖啡。焦糖玛奇朵咖啡在制作过程中加入了焦糖酱，为咖啡增添了浓郁的甜味和香气；而巧克力玛奇朵咖啡则是在浓缩咖啡上撒上一层可可粉或巧克力碎片，使其味道更加丰富和诱人。

任务介绍

请同学们熟悉意式咖啡的理论知识，设计一份意式咖啡菜单，内容至少要包含咖啡种类、咖啡主要成分、咖啡定价，其余内容可自行设计优化。

任务实施

步骤一：以小组为单位，5～6人一组制作一份意式咖啡菜单。

步骤二：请自备合适的纸作为菜单底页，菜单必须包含咖啡种类、咖啡主要成分、咖啡定价，此外最好有独特又吸引顾客的设计，制作完后将其贴入下表中。

意式咖啡菜单

任务名称	
小组成员	
菜单选品	
菜单设计	
菜单粘贴处	

学习评价

根据所学知识技能，进行任务实施，并开展师生评价。

评价项目	分数	学生自评（50%）	教师评分（50%）	总分
了解意式咖啡的基础知识	20			
熟悉意式咖啡的种类	30			
掌握各种意式咖啡的特点	30			
具有开阔创新的咖啡设计思路	10			
能进行团队协作、相互沟通	10			
合　计	100			

拓展阅读　咖啡“中国化”

如今，咖啡行业内的“中国元素”早已无处不在，包括本土的咖啡豆、本土化工艺、本土化食材、本土化场景、本土创意配搭等。但是最容易被消费者感受到的是产品本身的中式化，自带中式标签的茶和草本都被拿来做咖啡，而且效果也很好。

比如茶咖。瑞幸就曾推出过茶咖系列新品“碧螺知春拿铁”，采用雨前碧螺春与南方鲜嫩绿茶作为茶底，上市一周，销量便达到447万杯。成都的加饮Plus In，招牌产品“成都鸳鸯拿铁”选用成都特色的茉莉花茶为茶底，单店最高日销300余杯。行业中已经出现不少以茶咖作为产品线的咖啡品牌，如鸳央咖啡，茶香+咖啡香这种中式咖啡的表达方式，接受度也越来越高。

茶咖之外，草本、地域特色食材与咖啡的结合也在众多咖啡馆里流行。广西有一家咖啡馆名为“本草咖啡”，店里的产品都和草本相关，比如“红景天美式”“金银花拿铁”，听起来就很养生。

地域特色与咖啡也可结合，比较有代表性的是苏州的网红咖啡店“草芥咖啡”，招牌产品是鸡头米美式，茶碗上现烤一层焦糖，放上鸡头米和桂花，敲碎焦糖后就会落入咖啡中。

除此之外，竹叶青沐萃、酒酿小圆子拿铁、青团子拿铁也十分具有江南特色。

讨论交流

讨论1：意式咖啡有什么共同特点？

讨论2：意式咖啡的经典品种有哪些？

实训练习

1. 意式咖啡均是以__________为基底制作的。
2. 卡布奇诺咖啡的特点是________________。
3. 意式摩卡咖啡最为突出的特点是加入了__________，使咖啡产生独特的焦香微苦的风味。
4. 意式咖啡中的“基础款”咖啡是__________。
5. 请简述卡布奇诺咖啡、摩卡咖啡、拿铁咖啡和澳白咖啡的异同。

任务二　意式咖啡奶泡制作

任务目标

- 掌握意式咖啡奶泡的制作原理。
- 熟练掌握奶泡打发技巧。
- 具备意式咖啡奶泡打发相关操作技能。

理论知识

一、奶泡概述

奶泡是牛奶的一部分，利用蒸气冲打牛奶，当液态的牛奶打入空气后，牛奶里的蛋白质开始进行表面张力作用，会形成许多细小的气泡或泡沫，液态状的牛奶膨胀成泡沫状，也就是奶泡。奶泡是制作意式咖啡中极为重要的成分。细腻的奶泡与意式咖啡融合，既能体现牛奶的香气，也能突显咖啡的香醇。咖啡师也会利用奶泡表面的张力制作精美的拉花图案，以此展示自己制作咖啡的高超技巧。

二、奶泡的制作原理

在制作意式咖啡时，咖啡表面会产生一层油脂泡，这是咖啡豆中的油脂与二氧化碳结合产生的。油脂直接入口时口味苦涩、口感不佳，且难以与热牛奶融合，奶泡打发即可以很好地将油脂泡和奶泡结合，使口感更细腻、醇香。牛奶当中含有乳糖、蛋白质和脂肪，冷牛奶中的蛋白质是卷曲的，打发奶泡的过程其实是对牛奶进行加热和注入空气，加热时蛋白质展开，露出亲水端与疏水端，当打发时疏水端为了躲避水分进入空气中，同时蛋白质亲水端会包裹细小气体形成屏障，形成奶泡。

三、奶泡打发技巧

奶泡打发必须选用全脂牛奶，只有全脂牛奶打出的奶泡才能持续更长时间。打发奶泡前要注意咖啡机蒸汽喷头的预热，不仅可以清除残留杂质，也能打出更细腻的奶泡。牛奶最好使用冷藏牛奶，冷藏牛奶在打泡加热过程中能进行充分的发泡。打发时，奶缸倒入一半牛奶即可，多或少都会影响蒸汽进入牛奶内部，导致打发不均匀。奶泡的打发是一个需要长期练习的过程，要在不断练习中对蒸汽管没入牛奶的深度及蒸汽管打发时的角度进行精确把握，才能打出更完美的奶泡。

（1）牛奶的温度　最佳的保存温度是4℃左右，因为在打发牛奶时，温度越高，乳脂肪分解越多，发泡程度越低；当在相同的保存温度下，储存的时间越久，乳脂肪分解越多，发泡程度越低；当牛奶在发泡时，起始温度越低，蛋白质变性就越完整均匀，发泡程度越高。由于咖啡店使用的意式咖啡机的蒸汽管通常处于加热状态且打发速度极快，通常在15s左右牛奶温度就可以上升至65℃左右，起始温度过高会使奶泡中的蛋白质过热，牛奶变质跑味，影响咖啡口感。

（2）牛奶的脂肪含量　脂肪含量高的牛奶打发的奶泡会更加绵密顺滑，因此通常使用脂肪含量4%以上的全脂牛奶，商业咖啡店也会使用6%脂肪含量的全脂牛奶。

（3）打发奶泡时的蒸汽进气量　蒸汽进气量对最终的奶泡质量影响极大，如果没有在奶缸温度变得温热之前加入足够的蒸气，牛奶中没有足够泡沫缓冲进气的声音，打发过程中的蒸汽声音就会极其刺耳，且最终打发的奶泡很薄，没有立体感，且膨胀体积不足，不够制作一杯咖啡。如果加入的蒸气过多，打发过程中产生的进气声音不明显，且奶泡膨胀过度，打发结束后会迅速变硬，影响咖啡的口感。这一技巧需要经常练习才能熟练掌握，以适应进气时手持奶缸的手感与移动的速度。

知识卡片　牛奶的知识

按照脂肪含量的不同，牛奶可以分为全脂牛奶、低脂牛奶和脱脂牛奶。全脂牛奶的脂肪含量为3%左右；低脂牛奶（部分脱脂奶）的脂肪含量为1%～1.5%；脱脂牛奶的脂肪含量在0.5%以下。按照加工方式不同，牛奶可以分为巴氏杀菌奶和超高温消毒奶。牛奶的脂肪含量越高，奶泡持续的时间越长。

任务介绍

同学们，结合咖啡相关理论知识，根据奶泡的制作原理和打发奶泡的技巧，进行意式咖啡奶泡的制作。

任务实施

一、准备工作

器具：手动打泡器/意式咖啡机、奶缸、抹布

日常家庭制作咖啡通常可以选用手动打泡器，咖啡店通常使用意式咖啡机，使用配备的蒸汽管打发奶泡可以更加节约时间并打出更加细腻的奶泡。蒸汽管可根据长度分为长管和短管，短管比长管的蒸汽更加强劲；根据粗细可分为粗管和细管，细管的蒸汽更加强劲；蒸汽管的孔数大多分为4孔或5孔。可以根据需要的奶泡立体度或细腻度选用合适的蒸汽管。

奶缸通常选择大肚奶缸，上部有收口，可以使牛奶在缸内得到充分绵密的打发。

材料：全脂牛奶

选择脂肪含量在4%以上的全脂牛奶，打发奶泡的牛奶最好是冷藏牛奶，温度保持在4℃或者刚拿出冰箱冷藏室的温度。

手动打泡器

意式咖啡机

奶缸

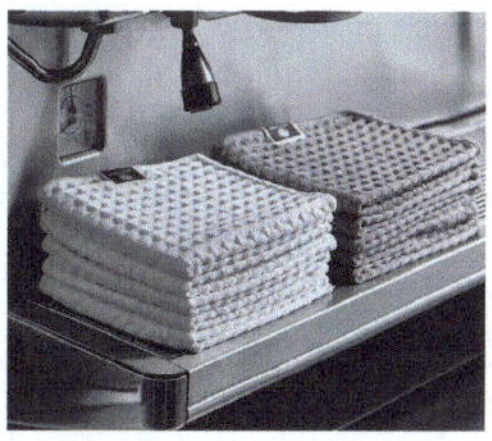

抹布

全脂牛奶

二、操作步骤

步骤一：倒入牛奶

根据咖啡杯的分量倒入适量的牛奶，加奶量大概到缸嘴豁口最下方，一般为奶缸容量的一半。

步骤二：启动蒸汽管

在开始打发之前，应首先开启蒸汽管预热。旋转按钮启动，使管中冷凝的水分排出，同时适当加热蒸汽管。将蒸汽管稍微倾斜10°～20°，此时所有蒸汽孔都应该朝下。

启动咖啡机蒸汽管

步骤三：牛奶进气

将蒸汽管没入牛奶里，牛奶表面处于蒸汽头与蒸汽管的连接处，否则牛奶会四处喷溅；慢慢将奶缸倾斜，此时在蒸汽冲击作用下牛奶开始在缸内旋转。将蒸汽开到最大，慢慢将奶缸下移，随着空气的大量吸入能听到连续的“嘶嘶”声，如果进气不够，则会听到断断续续的“嘶嘶”声，这时就需要将奶缸继续缓慢下移，使得空气顺利注入。

牛奶进气

步骤四：打发奶泡

当牛奶体积增大，且奶缸温度上升时，需要将奶缸上移，将蒸汽孔重新没入牛奶，此时蒸汽管会停止进气，但会继续加热并打发牛奶，直至奶缸温度上升至手无法触摸，或使用测温仪器显示至60℃，奶泡即打发完毕。现在商用意式咖啡机通常能在15s内打发一杯奶泡。

步骤五：清理蒸汽管

奶泡打发完毕后即刻关闭蒸汽管，再拿开奶缸，否则会使牛奶喷溅。移开奶缸后可以打开蒸汽管喷出内部气体及残留液体，用干净的湿抹布将蒸汽管彻底擦拭干净。

步骤六：奶泡处理

奶泡打发后，可能还会残留一些较大气泡，可以将奶缸在桌面轻敲几下，并同方向摇动奶泡，使得较大气泡溢出或破裂。此时奶泡细腻有光泽，是最佳状态的奶泡，必须即刻使用。

学习评价

根据所学知识技能，练习打发奶泡，并开展师生评价。

评价项目	分数	学生自评（50%）	教师评分（50%）	总分
了解奶泡的制作原理	10			
掌握打发奶泡的技巧	10			
打发的奶泡细腻能反光	20			
奶泡表面细腻均匀	20			
打发的奶泡温度一致	20			
具有耐心学习与尝试的态度	10			
能进行团队协作、相互沟通	10			
合　计	100			

拓展阅读 **“咖啡阅读”正当时！**

深圳市福田区图书馆以充满文化气息的图书馆作为载体，致力于打造深圳本土人文生活新IP。将生活、阅读、分享紧密结合，教会读者研磨咖啡豆，冲泡、品味咖啡，以“咖啡+”引领阅读新风尚，赋予城市“力量与热情”。该活动于2015年推出，目前已成功运行多年，截至2022年，共举办了319场咖啡系列活动，累计参与读者超12000人次。

讨论交流

讨论1：打发奶泡对牛奶有何要求？

讨论2：打发奶泡对蒸汽量有何要求？

实训练习

1. 打发奶泡的牛奶脂肪含量需要达到（　　）。
   A. 1.5%　　B. 3%　　C. 4%　　D. 7%
2. 打发奶泡时蒸汽管的倾斜角度应该是（　　）。
   A. 5°　　B. 15°　　C. 25°　　D. 40°
3. 使用意式咖啡机打发奶泡的时间需要（　　）。
   A. 15s　　B. 30s　　C. 1min　　D. 2min
4. 打发奶泡的温度在（　　）℃较为合适。
   A. 30　　B. 40　　C. 60　　D. 75
5. 奶泡如果打发失败可能与（　　）有关。
   A. 奶缸容量　　B. 牛奶温度　　C. 牛奶脂肪含量　　D. 咖啡机品牌

任务三　意式浓缩萃取

任务目标

- 掌握意式浓缩的萃取原理。
- 具备意式浓缩萃取的操作技能。
- 熟悉制作意式浓缩所需的设备、材料与参数。

意式浓缩咖啡的制作

理论知识

一、意式浓缩概述

意式浓缩，即意式浓缩咖啡，是现在常见咖啡饮品中最重要的基底，想要制作出一杯优秀的意式咖啡，最重要的是要制作出一份合格的意式浓缩。意式浓缩也称为“Espresso”，以份为单位，是意式咖啡机仅使用咖啡豆粉末在极短时间内迅速萃取的高度浓缩的咖啡饮品，富含咖啡豆油脂，在表面会覆盖一层金黄色油脂，通常萃取一份意式浓缩的量在30mL，见图4-1。

图4-1　意式浓缩咖啡

二、意式浓缩的萃取原理

“萃取”是利用组分溶液在溶剂中有不同的溶解度来分离混合物的单元操作，在咖啡制作中，即是从咖啡豆中提取有价值的咖啡风味。意式咖啡机的萃取原理是利用咖啡机内部的热交换器，通过迅速加热进入咖啡机的水，并通过高压快速冲过“手柄咖啡过滤器”中研磨好的咖啡粉末，从而在短时间内迅速萃取一杯意式浓缩。压力、水温、研磨度、粉量等都会影响意式浓缩的口感。

三、意式浓缩萃取技巧

意式浓缩的萃取可以看作一个系统，其中的每个因素都会影响意式浓缩的品质，通常需要记住的参数有研磨度、粉量、萃取时间、压力、水温，大部分意式咖啡机已经预设了水温在90～92℃之间和压力为9Bar（1bar＝100000Pa）。如果想制作一杯合格的意式浓缩，更要注意以下方面：

1. 研磨度

意式浓缩萃取需要的咖啡粉通常需要非常细的研磨度，如淀粉、面粉等物质，咖啡豆的研磨度是意式浓缩萃取中经常需要根据风味微调的参数。咖啡豆粉质如果过粗，压力之下水流就会极快地冲过咖啡粉末，在过短的时间内完成萃取，会导致意式浓缩的口感单薄，口味过酸；粉质过细则会导致水流难以快速通过咖啡粉饼，造成咖啡粉的过度萃取。微调研磨度后需要将咖啡机内残存的咖啡粉清理干净。

2. 粉量

粉量的使用主要取决于咖啡师希望得到的浓缩咖啡出品量，通常会使用7～9g咖啡粉制作一份浓缩咖啡，即30mL的浓缩咖啡。咖啡粉的用量是浓缩咖啡萃取中比较容易确定的参数，市面上大多数咖啡机可用的粉碗都会标注咖啡粉量的指示线，咖啡师可以根据自己的需要选择合适容量的粉碗。添加咖啡粉后需要用粉锤对咖啡粉进行按压，将咖啡粉压成粉饼，这一操作是为了让咖啡机高压冲水时产生压力，从而对咖啡粉进行萃取。如果没有压粉，在水冲向咖啡粉时，咖啡粉直接被冲散，无法产生压力，只能得到一杯用热水冲成的咖啡；如果咖啡粉压的不实，则会缩减萃取时间；咖啡粉压的过度紧密，则会使热水在咖啡粉中囤积，导致过度萃取。

同时，在萃取时也不能一次性放入过多的咖啡粉，过多的咖啡粉按压成粉饼后，上层受到的水压冲击大，萃取效果好；到下层水的冲击力变弱，水流减缓，无法进行很好的萃取，使得萃取不均匀，出品的咖啡风味也会变差。通常一台咖啡机在确定研磨度与粉量后，不要轻易更改。

3. 萃取时间

萃取时间指按开萃取按钮的一瞬间到萃取结束的时间，是意式浓缩咖啡萃取方案变量调整中唯一可以同时增加或者减少浓度和萃取度的一项，一般需要放在粉量与研磨度调整之后再进行调整。意式浓缩咖啡的萃取时间一般在26～32s，在这段时间内萃取的浓缩咖啡液口感香醇、风味醇厚、酸甜平衡。如果咖啡萃取时速度过快，会导致没有充分萃取，浓缩咖啡液的口感偏单薄，味道偏酸；如果速度过慢，则会导致过度萃取，口味偏苦。

以上参数需要咖啡师在进行浓缩咖啡萃取时不断微调，以达到萃取的最佳效果。如果不进行口味调整，在参数确定后最好不再改变。

知识卡片　浓缩咖啡的品尝

当你在咖啡店点一杯浓缩咖啡后，咖啡师通常会给你呈上一杯冰水、一杯浓缩咖啡、一个咖啡勺。不知情的人可能会把冰水与浓缩咖啡混合来喝，但这样就变成了一杯冰美式。那么冰水的作用是什么？冰水是为了让客人在品尝浓缩咖啡前漱口，清理口腔内的杂质或气味并对口腔进行降温，使口腔能够更好地品味到浓缩咖啡中包含的多层风味。浓缩咖啡非常黏稠，底部因为沉淀物较多会更加黏稠，咖啡勺则可以将浓缩咖啡液体搅拌均匀，以品尝出更加香醇的意式浓缩咖啡。

浓缩咖啡在出品时的温度具有最佳风味，多数咖啡师或店员都会建议客人立即品尝，30mL的浓缩咖啡在2～3口之间喝完最为合适，咖啡的香味会充盈你的口腔。

任务介绍

同学们，结合意式浓缩的相关理论知识，根据意式浓缩的制作原理，接下来跟着步骤进行意式浓缩咖啡的制作。

任务实施

一、准备工作

器具：意式咖啡机、磨豆机、浓缩杯、粉锤、电子秤、抹布、碟、粉碗、布粉器、咖啡勺

材料：咖啡豆

意式咖啡机

磨豆机

浓缩杯

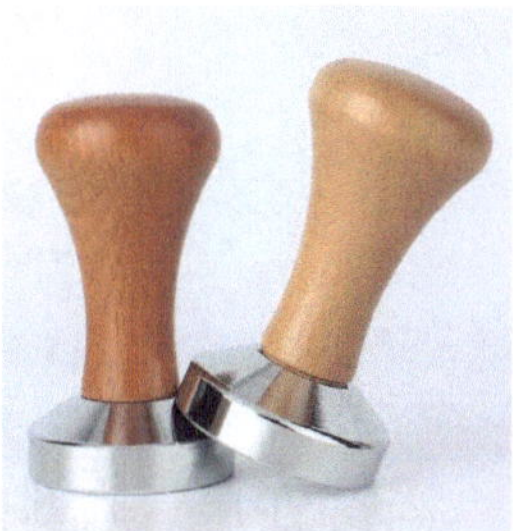

粉锤

电子秤

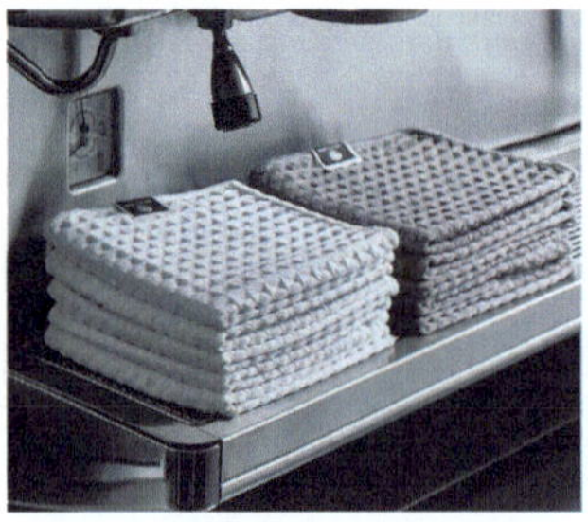
抹布

碟

粉碗

布粉器

咖啡勺

咖啡豆

二、操作步骤

步骤一：设备准备

使用干净的抹布将咖啡机的冲煮头、接口处清洁干净；取下手柄与粉碗，将粉碗清洁干净保证无残粉余留，保持干燥；检查压粉锤，保证无咖啡粉末残留；咖啡机冲煮头放水2～3s，清空水管中残留的水分及咖啡粉末。

步骤二：设备整理

将浓缩杯放置在咖啡机杯架上，准备好电子秤并将手柄和粉碗放置于电子秤上设置归零，保证咖啡粉粉量精确。天气冷时可将手柄接到冲煮头上做预热。

步骤三：磨豆机磨粉、接粉

使用咖啡勺舀取适量咖啡豆放到磨豆机进行研磨，使用干燥的粉碗接粉。如果磨豆机有定量功能，可以直接设置需要的咖啡粉克重并接取；手拨式磨豆机无定量功能，可以先使用较大粉碗接足量的咖啡粉，再倒入带有手柄的粉碗中，轻轻抖动粉碗使粉末更加紧实，直至接取咖啡萃取所需的咖啡粉克重。

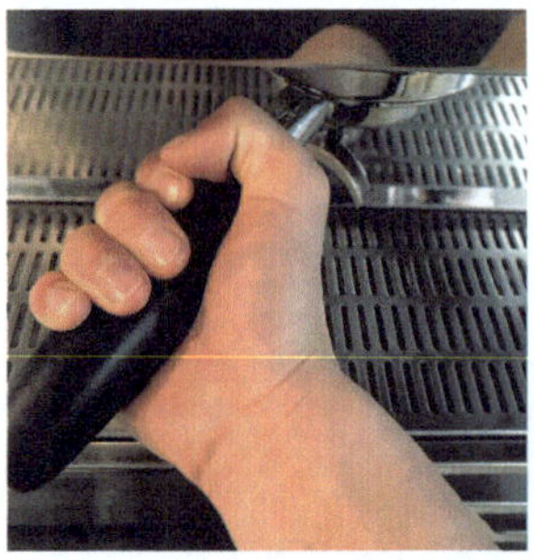
设备整理

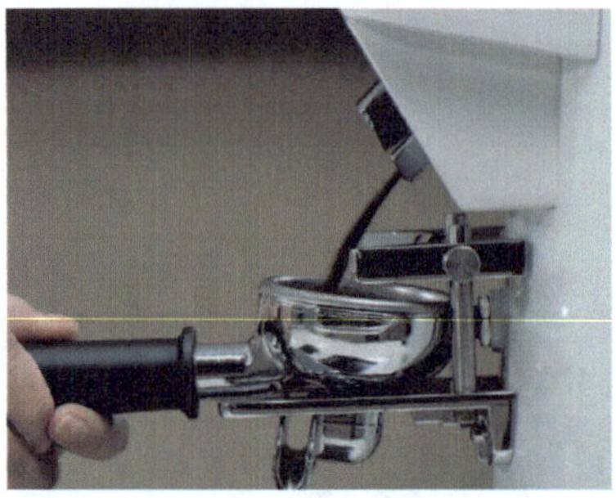
磨粉、接粉

步骤四：布粉、压粉

当接到足量咖啡粉后，首先可以用手指或布粉器进行布粉，这一步可以使粉碗内的咖啡粉分布均匀、表面平整，避免在按压时密度不一致。布粉后需要将粉碗碗边、手柄及边沿地方的咖啡粉末清理干净。

然后使用压粉锤将粉碗内粉末压实，按压时需要手臂垂直向下用力，保证粉饼厚度均匀。

布粉

压粉

步骤五：粉碗及手柄连接

将粉碗及手柄连接到咖啡机的冲煮头上，连接要紧密，否则在高压下会向外呲水，导致萃取失败，并再次清理粉碗周围的咖啡粉。

步骤六：萃取

将浓缩杯放置在咖啡机落水盘上，按下咖啡机冲煮/萃取按钮，开始萃取。几秒钟后将从分流嘴缓缓流出浓稠的浓缩咖啡，萃取时间一般在26～32s，在这段时间内咖啡液会由深棕色逐渐变为金黄色。萃取完成的浓缩咖啡需要轻轻摇晃以摇匀前后流出的液体。

粉碗及手柄连接

萃取

步骤七：清洁

萃取完成后，需要马上用抹布对咖啡机冲煮头、落水盘进行清洁，保证冲煮头没有粉末残留，同时清洁粉碗及手柄。

学习评价

根据所学知识技能，练习浓缩咖啡萃取，并开展师生评价。

评价项目	分数	学生自评（50%）	教师评分（50%）	总分
了解浓缩咖啡萃取原理	10			
掌握萃取浓缩咖啡的技巧	10			
保证浓缩咖啡萃取时间合适	20			
浓缩咖啡萃取充足	20			
浓缩咖啡表面有充足油脂	20			
学习态度端正、遵守纪律	10			
能进行团队协作、相互沟通	10			
合　计	100			

拓展阅读 咖啡渣的用途

咖啡渣是咖啡豆煮熟后剩下的不溶于水的纤维，具有多孔性结构和弱酸性，其用途有很多：

（1）除异味：可以放在冰箱、车厢、鞋柜等地方，吸附异味并散发咖啡香气。

（2）堆肥：可以铺在土壤上层，为喜爱酸性土壤的植物提供养分，如玫瑰、杜鹃等。

（3）染色：提取咖啡渣中的色素，用来漂染纺织品或木制品，使其呈现自然的棕色。

（4）去角质：可以混合沐浴乳或精油，用来去除脚底和胳膊肘等部位的老化角质。

（5）清洁剂：可以用来清洗油污较多的厨具，如灶台、锅等。

（6）去痕：可以用来擦拭木制家具的划痕。

讨论交流

讨论1：萃取浓缩咖啡对粉量和研磨度有何要求？

讨论2：合格的浓缩咖啡的油脂呈现什么样子？

实训练习

1. 萃取浓缩咖啡的水温一般是（　　）℃。

   A. 50　　B. 80　　C. 90　　D. 120

2. 一份浓缩咖啡的量应该是（　　）mL。

   A. 20　　B. 30　　C. 40　　D. 50

3. 咖啡粉与咖啡液的比例是（　　）。

   A. 1:1　　B. 1:2　　C. 1:3　　D. 1:4

4. （　　）是萃取浓缩咖啡最合适的时间。

   A. 20s　　B. 30s　　C. 40s　　D. 1min

任务四　基本拉花技巧

任务目标

- 学习咖啡拉花的操作方法和技巧。
- 能够制作心形和树叶形两种咖啡拉花。

理论知识

一、拉花概述

咖啡拉花（Latte Art），被称作“咖啡杯里的艺术”，简单说就是利用奶泡在咖啡液表面制作花式图案线条，从而形成艺术般的图案。

二、拉花的制作原理与技巧

意式浓缩咖啡在萃取过程中会产生油脂，油脂密度低，会浮于咖啡液表面；牛奶在打发过程中会产生奶泡，奶泡的密度比牛奶低，会浮于牛奶表面。当以上两者交融时，牛奶与咖啡液会下沉，奶泡与油脂会浮于表面。油脂与奶泡交融的过程中，由于二者颜色不同，会形成鲜明的对比，从而产生漂亮的拉花图案。所以油脂与奶泡的质量是影响拉花质量的关键。

（1）油脂　在意式浓缩萃取的过程中，由于高温和高压的作用，可溶性脂肪包裹空气从而形成油脂。因此它有两个特性：

1）随着温度的降低而消散。在浓缩咖啡萃取完成后要尽快地完成拉花，否则油脂消散会影响拉花品质。此外，制作意式咖啡会把咖啡杯放在咖啡机顶部温杯，也是为了保持油脂与奶泡的温度，延缓油脂消散的速度。如果将浓缩咖啡直接萃取到冰冷的咖啡杯里，同样会影响油脂的呈现。

2）温度越高，油脂越为顺滑，制作的咖啡拉花图案的流动性更好；而温度较低时油脂则容易结块，所以需要在萃取完浓缩咖啡后尽快完成拉花。

（2）奶泡　奶泡的细腻度与稳定度取决于两个核心要素：

1）使用全脂牛奶（鲜奶、常温奶均可），因为脂肪的含量直接影响奶泡的稳定程度。脱脂牛奶也可以产生奶泡，但是会很快消散。

2）掌握奶泡打发的技巧，这也是咖啡拉花操作的核心难点之一。

议一议

你在生活中见过哪些拉花图案？

知识卡片　流距

流距是指制作咖啡拉花时，拉花缸缸嘴与咖啡液面之间的距离。高流距时不会出现图案，低流距时白色图案才会出现。

制作拉花时，前半部分是融合，这个过程中会提高流距，让奶泡由于重力的作用，沉入混合液体（咖啡与牛奶）底部，冲下的奶泡像勺子一样对咖啡液体进行“搅拌”，这一步称为融合，为后面的拉花做准备。

大概融合至六分满时，把缸嘴贴近混合液体表面，降低流距。此时拉花缸倒出来的奶泡会因为浮力，附在混合液体的表面，并与表面的油脂融合，咖啡拉花的图案由此呈现。

任务介绍

同学们，了解了拉花的理论知识后，请根据所学知识和技巧，进行拉花制作的训练。

任务实施

一、准备工作

器具：意式咖啡机、磨豆机、电子秤、粉锤、抹布、浓缩杯、粉碗、布粉器、碟、勺、

拉花缸、抹布、咖啡杯

材料：新鲜、深度烘焙的拼配咖啡豆，全脂牛奶

意式咖啡机

磨豆机

拉花缸

咖啡杯

咖啡豆

全脂牛奶

二、操作步骤

步骤一：意式浓缩咖啡萃取

详细细节可回顾项目四中任务三“意式浓缩萃取”。为保证咖啡的保温效果，在制作开始前可以将咖啡杯放置在咖啡机的温杯架上进行保温。

步骤二：奶泡打发

详细细节可回顾项目四中任务二“意式咖啡奶泡制作”。

奶泡打发好后需要进行后期处理，即让缸内的牛奶和奶泡充分混合均匀。可以轻微地在桌子上震动奶缸，让里面粗糙的奶泡消失，使奶泡更加细腻；也可以使用两个拉花缸进行倒缸，倒的时候让液体贴着缸壁缓缓流下，以免产生气泡。

步骤三：让牛奶奶泡与咖啡进行融合

将打发好的奶泡注入刚萃取好的意式浓缩咖啡中，刚开始时进行低流距注入，然后保证流量大小一致，拉开拉花缸和咖啡杯的距离，控制流距，最后左右水平摇晃进行融合。

步骤四：拉花出图

一只手拿着咖啡杯，将杯子倾斜，以扩大融合面。最开始注入奶泡时，注入定点位置，即咖啡液面的中间。低流距注入然后抬高拉花缸，让奶泡更有冲击力地去“搅拌”咖啡液。当注入六分满时，将拉花缸放低到咖啡杯杯口的位置，奶泡逐渐浮现。之后，若要制作心形拉花，则用手腕控制拉花缸大量释放奶泡进行出图，与此同时咖啡杯需要回正。最后收杯时，往前、往上提高拉花缸，结束拉花动作。

若要制作树叶拉花，则在咖啡杯中心位置释放大量奶泡，然后收起并抬高拉花缸，再次释放奶泡，按拉花从前往后的顺序拉。在咖啡液面中有三层奶泡后，最后一层奶泡减少注入量，在此过程中观察咖啡液体多少，逐渐回正，以免咖啡液体因倾斜而溢出咖啡杯。在最后减少流量后，将拉花缸提起并向前移动拉出直线，完成树叶拉花图形的制作。

心形拉花

树叶拉花

学习评价

根据所学知识技能，练习拉花技巧，并开展师生评价。

评价项目	分数	学生自评（50%）	教师评分（50%）	总分
浓缩咖啡的萃取	20			
奶泡打发的效果	20			
咖啡奶泡融合的效果	20			
拉花出图的效果	20			
学习态度端正、遵守纪律	10			
能进行团队协作、相互沟通	10			
合　计	100			

拓展阅读　世界咖啡拉花艺术大赛

2023年11月20日，世界咖啡拉花艺术大赛（World Latte Art Championship，WLAC）在中国台湾圆满落幕。经过角逐，中国选手包揽前三名。来自重庆的梁凡一路披荆斩棘，最终摘得世界咖啡拉花艺术大赛的冠军！

WLAC是咖啡拉花艺术的最高级别专业赛事，在咖啡业界享有盛誉。咖啡师运用意式浓缩咖啡与打发牛奶的搭配，呈现出拉花图案设计，每一位参赛选手就如同一位画家，手中的奶缸是画笔，圆形咖啡杯面就是画布。

参赛者会首先提供事先制作好的参赛作品图片给评委，现场评委以此来作为评分的参考。再针对五项标准进行打分，分别是颜色对比度、图案困难度、图案完成度、图案对称性、图案的创意，每项总分为5分，共计25分。

在本次比赛当中，梁凡不仅展现了出众的咖啡拉花技艺，在拉花图案创作方面更是表现出独到的见解。决赛舞台上，梁凡选择的图案是“公鸡”“袋鼠”“恐龙”。绘制这三个图案时，他运用了数学界中的布尔运算法（Boolean Operation），再通过不同圆形的三种组合（相交、联合、排除），进而呈现出千变万化但不失工整美观的图形。

其实，早在2018年的世界拉花艺术比赛上，梁凡就已经把摄影学的构图概念运用到咖啡拉花里面，让杯中图案充满美感。于梁凡而言，优秀的图案创作是将感性与理性相结合、柔美与规律融洽存在。他们的精湛技艺不仅让世界看到我国咖啡行业的崛起与进步，也激发了国内咖啡行业从业者的热情，更是证明了我国咖啡拉花艺术的实力和潜力。

梁凡参加比赛的拉花图案

讨论交流

讨论1：在制作过程中，浓缩咖啡油脂结块了怎么办？

讨论2：在拉花过程中，融合时要注意什么？

实训练习

1. 咖啡拉花的关键是________与________。
2. 当咖啡杯中（　　）满时可以开始拉花的操作。
   A. 五分　　B. 六分　　C. 七分　　D. 八分
3. 咖啡油脂在（　　）时会结块。
   A. 萃取过度　　B. 萃取不够　　C. 温度过高　　D. 温度过低
4. 奶泡注入咖啡时的定点位置是________。

任务五　卡布奇诺咖啡制作

任务目标

- 了解卡布奇诺咖啡的基本知识。
- 熟悉卡布奇诺咖啡的制作技巧。
- 能独立制作卡布奇诺咖啡。

卡布奇诺咖啡制作

理论知识

一、卡布奇诺咖啡概述

卡布奇诺咖啡是以意式浓缩咖啡为基底，加入奶泡与热牛奶混合而成的一种意式咖啡。当卡布奇诺咖啡在意大利逐渐流行后，当地人发现卡布奇诺咖啡中的牛奶和咖啡混合而成的颜色很像Capuchin教会人员所穿的道袍，顶上的奶泡形成的尖顶像其所戴的尖尖的帽子，于是将这种咖啡叫作“Cappuccino”，是意大利文中“头巾”的意思，卡布奇诺咖啡见图4-2。现在的卡布奇诺咖啡与意式浓缩咖啡同为最受意大利人欢迎的咖啡。

图4-2　卡布奇诺咖啡

议一议

在以前的生活中你知道卡布奇诺咖啡吗？你是如何理解它的名字的？

二、卡布奇诺咖啡制作技巧

卡布奇诺咖啡通常由意式浓缩咖啡、热牛奶、奶泡以1∶0.5∶1（见图4-3）的比例混合而成，上部是细腻的奶泡，下部是热牛奶与浓缩咖啡混合后的香浓咖啡。卡布奇诺咖啡还根据口味的不同分为干卡布奇诺咖啡与湿卡布奇诺咖啡，干卡布奇诺咖啡奶泡量增加、牛奶减少，能够使品尝者喝到更多绵密奶泡与更加醇厚的咖啡口味；湿卡布奇诺咖啡则相反，多放牛奶，少加奶泡，奶味更重。卡布奇诺咖啡对于奶泡的打发品质要求极高，需要奶泡细腻绵密且持久，不会迅速与牛奶、咖啡相融合，在品尝者喝过后，奶泡可以挂在嘴上。技艺高超的咖啡师也会在奶泡上进行雕花处理，使用雕花针制作一些栩栩如生的图案。

图4-3　卡布奇诺咖啡制作的配比

卡布奇诺咖啡的制作过程就是检验各项咖啡基础制作任务的过程，意式浓缩的萃取、奶泡的打发、牛奶的温度都会影响卡布奇诺咖啡的口感，在制作过程中，应格外注意及多加练习以下方面：

1. 意式浓缩的萃取

意式浓缩的萃取应采用及时萃取、及时使用的原则，不能使用放置过久的浓缩咖啡。注意萃取的浓缩咖啡量，以所需要制作卡布奇诺咖啡杯量的1/3萃取即可。同时，避免咖啡萃取不足或萃取过度，影响口感。

2. 奶泡的打发

卡布奇诺咖啡需要的奶泡比其他咖啡的奶泡更加绵密，最好达到可以挂杯的程度。因此需要选用脂肪含量更高的全脂牛奶，脂肪含量最好达到4%以上。为使打法好的奶泡温度更加合适、更加持久，需要选用刚从冰箱冷藏室拿出的牛奶进行打发。

3. 牛奶的温度

牛奶温度过低会影响卡布奇诺咖啡的风味，但过热的牛奶又会使奶泡迅速消散，能够使牛奶与奶泡混合时有着更佳口感和更香风味的温度为60℃。咖啡店中通常使用热饮机来保温，家庭制作时也可以使用奶锅进行加热，但要不断搅拌以防糊底，并使用食品温度计进行测量。

知识卡片 卡布奇诺咖啡的“黄金圈”

卡布奇诺咖啡浓密的奶泡会超过杯沿形成一个尖帽形状，而这对于奶泡的持久度和绵密度要求更高，且需要塑形，花费时间长，后面制作卡布奇诺咖啡时便不再制作这个尖帽形状，但为了纪念卡布奇诺咖啡名称的来源，仍保留了使咖啡周围有一圈褐色咖啡并且中间奶泡高于杯口的传统，称为卡布奇诺咖啡的“黄金圈”。在标准卡布奇诺咖啡的制作中，奶泡厚度要求在1cm以上，或者达到1.5cm，如此厚重绵密的奶泡与牛奶和咖啡混合时，会使液体流动性降低，难以制作拉花图案，所以“黄金圈”便成了卡布奇诺的代表性标志。

任务介绍

同学们，了解了卡布奇诺咖啡的相关理论知识与制作原理后，请根据以下步骤进行卡布奇诺咖啡的制作，并实地观察各咖啡店卡布奇诺咖啡制作的区别。

任务实施

一、准备工作

器具：意式咖啡机、磨豆机、电子秤、粉锤、抹布、浓缩杯、粉碗、布粉器、碟、勺、奶缸、抹布、陶瓷咖啡杯为了保温效果，卡布奇诺一般选用180ml宽口的厚壁陶瓷杯，也能展示其高出杯口的奶泡

材料：新鲜咖啡豆、全脂牛奶

意式咖啡机

陶瓷咖啡杯

咖啡豆

全脂牛奶

二、操作步骤

步骤一：意式浓缩咖啡萃取

详细细节可回顾项目四中任务三“意式浓缩萃取”。

步骤二：奶泡打发

详细细节可回顾项目四中任务二“意式咖啡奶泡制作”。

步骤三：加热牛奶

使用热饮机将牛奶加热至60℃左右，这一温度的牛奶既不会使浓缩咖啡降温，影响口感，也不会稀释奶泡。

步骤四：混合牛奶与奶泡

在向浓缩咖啡中注入牛奶和奶泡时，不能冲散浓缩咖啡的油脂层，才能产生好看的黄金圈。注入牛奶时，需要先将牛奶倒入奶缸，使用手腕的力量顺时针匀速摇晃奶缸，使牛奶与打发的奶泡充分摇匀混合，再注入浓缩咖啡。

步骤五：牛奶与奶泡注入浓缩咖啡

首先使用勺子舀一勺奶泡，注入浓缩咖啡液面正中间。将奶缸稍作倾斜，使牛奶与奶泡到达奶缸豁口处，使用勺子堵住奶缸豁口，让奶泡凝聚在奶缸豁口处，再将豁口对准浓缩咖啡液面中心点，缓缓注入牛奶和奶泡。勺子轻微阻挡奶泡的注入，在牛奶全部倒入后，再将奶泡覆盖至牛奶和咖啡上部，高度略超过咖啡杯口，就可以做出一杯“黄金圈”卡布奇诺咖啡。

“黄金圈”卡布奇诺咖啡

学习评价

根据所学知识技能，练习卡布奇诺咖啡的制作，并开展师生评价。

评价项目	分数	学生自评（50%）	教师评分（50%）	总分
了解卡布奇诺咖啡的制作原理	10			
掌握卡布奇诺咖啡的制作技巧	10			
浓缩咖啡萃取时间合适	20			
奶泡打发充足、绵密且持久	20			
掌握卡布奇诺咖啡“黄金圈”的制作技巧	20			
学习态度端正、遵守纪律	10			
能进行团队协作、相互沟通	10			
合　计	100			

拓展阅读　世界三大无酒精饮料

可可、咖啡、茶并称当今世界的三大无酒精饮料，刺激兴奋的可可，浪漫浓郁的咖啡，自然清新的茶香，不同文化背景的国家在饮品选择方面有着各具特色的偏好。

非洲是世界最大的可可生产区，多销往西欧和美国。咖啡豆的种植以发展中国家为主，其中，拉丁美洲的总栽培面积和产量最高。咖啡的消费则集中在发达国家，以美国、西欧和日本为多。亚洲是世界著名茶叶产区，亚洲茶文化源于中国，茶类饮品种类众多。

讨论交流

讨论1：制作卡布奇诺咖啡对浓缩咖啡萃取、奶泡及牛奶的要求有哪些？

讨论2：制作卡布奇诺咖啡需要怎样向浓缩咖啡内注入牛奶和奶泡？

实训练习

1. 制作卡布奇诺咖啡的浓缩咖啡与牛奶和奶泡的比例一般是（　　）。

   A. 1:2:2　　B. 2:1:1　　C. 1:0.5:1　　D. 2:2:1

2. 制作卡布奇诺咖啡的牛奶，其最佳温度是（　　）℃。

   A. 50　　B. 60　　C. 70　　D. 80

3. 一杯标准的卡布奇诺咖啡杯量为（　　）mL。

   A. 90　　B. 150　　C. 180　　D. 240

4. 请简述如何制作“黄金圈”。

任务六　摩卡咖啡制作

任务目标

- 了解摩卡咖啡的基本知识。
- 熟悉摩卡咖啡的制作技巧。
- 能独立制作摩卡咖啡。

理论知识

一、摩卡咖啡概述

摩卡咖啡（Mocha）是意大利花式咖啡的一种，由意大利浓缩咖啡、奶油、牛奶和巧克力调味混合制成，其最具代表性的则是咖啡混合可可后焦香微苦的风味。摩卡咖啡豆是世界上最古老的咖啡品种之一，因其在也门的摩卡港出口而得名。由于也门得天独厚的气候，和咖啡种植之初当地人处理咖啡果实的手法，即咖啡豆自行成熟风干掉落后，再拾取咖啡豆进行加工，共同造就了摩卡咖啡豆独特的风味，其中的精品咖啡豆在经过深度烘焙后散发着巧克力和牛奶的香甜。

后来，摩卡港逐渐被新兴的蒙巴萨、德班等港口取代，但是摩卡咖啡的称呼仍然被保留了下来，并且现在将也门等地生产的咖啡豆仍然叫作摩卡咖啡豆。由于摩卡咖啡豆烘焙后自带的巧克力与牛奶的香味，在意大利花式咖啡发明后，人们尝试向意式浓缩与牛奶的混合液体中加入巧克力以替代摩卡咖啡豆的风味，于是有了现在咖啡店著名的花式咖啡饮品——摩卡咖啡，见图4-4。花式摩卡咖啡还衍生出各类变种咖啡，如白摩

图4-4　摩卡咖啡

卡咖啡，即使用白巧克力代替牛奶和黑巧克力；还有一些变种是用黑白两种巧克力糖浆混合，被称为斑马摩卡。

二、摩卡咖啡制作技巧

现在咖啡店通常制作的摩卡咖啡是由意大利浓缩咖啡、牛奶加巧克力糖浆，再挤上打发的奶油制作而成的一种意大利花式咖啡。奶油上可以撒可可粉，有时还会使用肉桂粉和棉花糖等增加香味并加以装饰，但咖啡店制作摩卡咖啡使用的咖啡豆原料并不限于摩卡咖啡豆。摩卡咖啡的比例一般为1份浓缩咖啡、半份巧克力糖浆、1份热牛奶与半份鲜奶油，即1:0.5:1:0.5的比例（见图4-5），浓缩咖啡与牛奶和巧克力糖浆的混合液体大概达到咖啡杯的七分满时，在上面挤上半份打发好的奶油并使奶油高出杯口，再撒上适量的可可粉装饰即可。

图4-5　摩卡咖啡制作的配比

知识卡片　摩卡咖啡豆的特点

摩卡咖啡豆的口感：微甜并带有柔和的果酸，酸、苦味极为优雅，果香浓郁，有明显的酒味、辛辣味和坚果味。

摩卡咖啡豆的味道：浓郁的果香及草腥香。

摩卡咖啡豆的视觉：颗粒较小且豆色不均匀。

任务介绍

同学们，了解了摩卡咖啡的理论知识后，请跟随以下步骤进行摩卡咖啡的制作，并尝试自己制作白摩卡与斑马摩卡。

任务实施

一、准备工作

器具：意式咖啡机、磨豆机、电子秤、粉锤、抹布、浓缩杯、粉碗、布粉器、碟、勺、咖啡杯（玻璃杯、陶瓷杯、纸杯等）

材料：咖啡豆、全脂牛奶、奶油（咖啡店常使用喷射奶油进行摩卡咖啡的制作，如果在家进行咖啡制作练习也可以选择手动打发奶油，则需要用到淡奶油与白砂糖）

意式咖啡机

奶油裱花嘴/袋

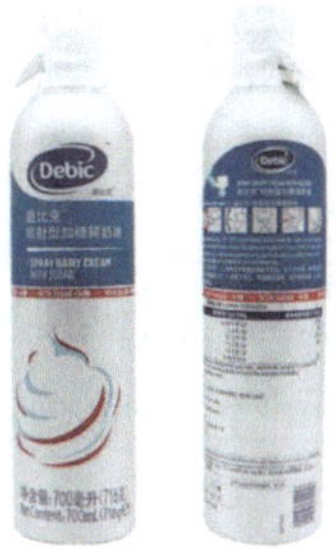
喷射奶油

咖啡杯

咖啡豆

全脂牛奶

淡奶油

白砂糖

可可粉

巧克力糖浆

二、操作步骤

步骤一：意式浓缩咖啡萃取

详细细节可回顾项目四中任务三“意式浓缩萃取”。

步骤二：加热牛奶

使用热饮机将牛奶加热至60℃左右，牛奶在这个温度能够最大限度地散发其奶香，且有足够的温度混合巧克力糖浆。

步骤三：巧克力牛奶混合

使用干净的玻璃杯或咖啡杯接90mL加热好的牛奶，加入30mL的巧克力糖浆，使用咖啡勺搅拌均匀，直至糖浆与牛奶充分融合。

步骤四：巧克力牛奶注入意式浓缩咖啡

将混合好的巧克力牛奶缓慢倾注进意式浓缩咖啡中，减少对油脂层的破坏。

步骤五：打发淡奶油

在家进行摩卡咖啡制作时可以手动打发奶油，如果有喷射奶油则可以省略此步骤。

奶油打发后，体积会膨胀一倍左右，所以打发60mL奶油仅需要30mL左右的淡奶油，通常自动奶油机容量较大，在咖啡店可以一次性多打发一些奶油备用。如果准备的淡奶油配料中没有白砂糖，则需要在打发时按照1:10的比例加入白砂糖进行打发。先使用中低档位打发，将淡奶油打细，半分钟后打至奶油产生纹路，可以将挡位调低，直至奶油体积膨胀一倍左右即可。

打发淡奶油

步骤六：奶油裱花

将打发好的奶油加入裱花袋，根据咖啡杯口选取合适的裱花嘴，将奶油按照顺时针方向挤到已经混合好的牛奶与咖啡液面上，形成锥形的奶油顶。挤的时候注意力度，以免奶油沉底。

步骤七：撒可可粉

挤好奶油后，向奶油顶上撒适量可可粉即可。

注意事项

摩卡咖啡最具有代表性的就是咖啡的奶油顶，品尝者在品尝摩卡咖啡时最先接触与品味到的也是奶油顶。在打发奶油时需要注意的事项有：

（1）白砂糖用量　淡奶油打发时与白砂糖的比例约为10:1，即500mL淡奶油可加40～50g白砂糖。需要注意使用的淡奶油配料中是否有白砂糖，如果有白砂糖则打发过程中无须再加糖。

（2）温度　打发时最好保证室内的低温，如果在夏季，打发时可以在奶油碗底部放置一些冰块，因为在打发奶油时会产生热量影响奶油的口感且颜色会变黄，保持低温或放置冰块能够降低淡奶油的温度。

（3）打发用量与奶油碗的选择　如果在短时间内需要的奶油较少，少量打发奶油时可以选择细高型奶油碗，增加奶油打发的接触面积。如果使用大的奶油碗打发少量奶油，很难进行彻底打发，且更容易使奶油升温。

（4）奶油打发的速度档位　在开始打发时可以选择低挡位，以便空气更稳定缓慢地注入淡奶油中，增加奶油的细腻度。当奶油产生纹路而奶油边缘较稀且有光泽时，可以将挡位调低，继续搅拌淡奶油。

（5）奶油打发失败的情况　如果奶油打发过度则会出现奶油变黄且出现不平滑的颗粒，在初期可以适当增加稀的淡奶油补救，如果打发过度到油水分离的程度则打发失败。奶油打发的速度较快，每过几秒都会出现状态的变化，在初期打发奶油时需要密切关注奶油的变化。

学习评价

根据所学知识技能，练习摩卡咖啡的制作，并开展师生评价。

评价项目	分数	学生自评（50%）	教师评分（50%）	总分
了解摩卡咖啡的制作技巧	10			
掌握摩卡咖啡制作的注意事项	10			
浓缩咖啡萃取品质好	20			
奶油打发合格	20			
掌握摩卡咖啡制作的用料配比	20			
细心操作，认真学习	10			
能进行团队协作、相互沟通	10			
合　计	100			

讨论交流

讨论1：制作摩卡咖啡对浓缩咖啡萃取、奶油打发及牛奶的要求是什么？

讨论2：打发奶油需要注意的事项有哪些？

实训练习

1. 制作摩卡咖啡的浓缩咖啡与热牛奶和巧克力糖浆的比例一般是（　　）。

A. 1:1:0.5　　B. 2:1:2　　C. 1:0.5:2　　D. 2:1:1

2. 制作摩卡咖啡的牛奶，其最佳温度是（　　）℃。
A. 50　B. 60　C. 70　D. 80
3. 30mL淡奶油可以打发出（　　）mL奶油。
A. 90　B. 150　C. 60　D. 30
4. 打发300mL无糖的淡奶油时需要加（　　）g白砂糖。
A. 100　B. 50　C. 30　D. 20
5. 请简要回答奶油打发时需要注意的事项。

任务七　拿铁咖啡制作

任务目标

- 了解拿铁咖啡的基本知识。
- 熟悉拿铁咖啡的制作技巧。
- 能独立制作拿铁咖啡。

拿铁咖啡制作

理论知识

一、拿铁咖啡概述

在学习拿铁咖啡之前，首先要明确的概念是：拿铁的原意并不是咖啡。拿铁（Latte）在意大利语中意为“牛奶”，许多咖啡馆中的红茶拿铁、抹茶拿铁、丝绒拿铁等都是多口味的牛奶饮品，并不含咖啡。而拿铁咖啡则是牛奶与意式浓缩咖啡的经典混合饮品，牛奶占多数，咖啡含量较少（见图4-6）。

图4-6　拿铁咖啡

二、拿铁咖啡制作技巧

拿铁咖啡（Coffee Latte）顾名思义就是将牛奶加入浓缩咖啡，现在的咖啡师也会向其中加入一些奶泡使饮品口感更为丰富细腻。拿铁咖啡中牛奶与咖啡的比例并不固定，可以根据咖啡苦味的浓度进行牛奶量的调整。最初意式拿铁的比例为70%的热牛奶、20%的奶泡、10%的浓缩咖啡，虽然咖啡占比小，但仍具有咖啡的风味。现在拿铁咖啡中牛奶与浓缩咖啡的比例一般为2∶1或4∶1（见图4-7），浓郁的奶香包裹住苦味的咖啡，使口感更加浓郁细腻，意大利通常将拿铁咖啡作为早餐饮品。

图4-7　拿铁咖啡制作配比

知识卡片 制作咖啡的原料——咖啡豆

不管是卡布奇诺咖啡、摩卡咖啡、拿铁咖啡还是其他意式咖啡，其最重要的基底都是一份好的浓缩咖啡，选择合适的咖啡豆能够将浓缩咖啡的风味提升到最佳。

以前受限于交通和贸易，制作咖啡的原料通常都是单一品种的咖啡豆，制作的浓缩咖啡称为SOE（Single Origin Espresso），即单一产地浓缩。由单一品种咖啡豆制作出来的咖啡能够将一种极好的咖啡豆的风味充分发挥出来，例如耶加雪菲制作的SOE能够充分发挥其花果香味。但SOE对咖啡师的要求极高，咖啡师需要根据咖啡豆的品质精细地调整咖啡机的各项参数，才能制作出具有特点并且好喝的咖啡。

现在咖啡店使用的咖啡豆原料多为拼配咖啡豆，即采用各个产地具有不同特点的咖啡豆按照不同比例拼配，制作成浓缩咖啡时能够将不同的咖啡豆风味各有所长地发挥出来。使用单一咖啡豆制作成的SOE，会因为咖啡豆的特点而使某种风味格外突出，比较苦、酸或者果香味比较浓厚，并且会随产地的气候变化导致每个批次的味道不同。而拼配咖啡豆通过将具有不同特质的咖啡豆拼配后，制成的浓缩咖啡风味均衡且稳定，且咖啡师可以根据自己对咖啡的理解，拼配不同比例的咖啡豆制作具有个人风格的独特饮品。

任务介绍

同学们，了解了拿铁咖啡的理论知识后，请根据拿铁咖啡的制作技巧，跟随以下步骤进行拿铁咖啡的制作。

任务实施

一、准备工作

器具：意式咖啡机、磨豆机、电子秤、粉锤、抹布、浓缩杯、粉碗、布粉器、碟、勺

材料：咖啡豆、全脂牛奶

意式咖啡机

拉花缸

咖啡杯

咖啡豆

全脂牛奶

二、操作步骤

拿铁咖啡中的牛奶和咖啡的比例没有固定的标准，因此操作步骤中不做参数要求，同学们在学习制作中可以根据自己的口味制作各具特点的拿铁咖啡。

步骤一：意式浓缩咖啡萃取

详细细节可回顾项目四中任务三“意式浓缩萃取”。

步骤二：加热牛奶

使用热饮机将牛奶加热至60℃左右，牛奶在这个温度能够最大限度地散发奶香，且有足够的温度混合巧克力糖浆。

步骤三：将牛奶缓慢加入意式浓缩咖啡

将加热好的牛奶缓慢倾注进意式浓缩咖啡中，减少对油脂层的破坏。

步骤四：奶泡打发

详细细节可回顾项目四中任务二“意式咖啡奶泡制作”。

步骤五：倒入奶泡

将打发好的奶泡缓慢倒入咖啡杯，使其浮于咖啡与牛奶的混合液面之上，也可以使用奶泡在咖啡上制作具有特色的咖啡拉花。

奶泡倒入并拉花

学习评价

根据所学知识技能，练习拿铁咖啡的制作，并开展师生评价。

评价项目	分数	学生自评（50%）	教师评分（50%）	总分
了解拿铁咖啡的基础知识	10			
掌握拿铁咖啡制作的技巧	10			
浓缩咖啡萃取时间合适	20			
奶泡打发充足、绵密且持久	20			
拉花技巧运用熟练	20			
具有耐心、不断练习的态度	10			
能进行团队协作、相互沟通	10			
合　计	100			

实训练习

1. 拿铁咖啡制作的原材料包括（　　）。

A. 意式浓缩咖啡、牛奶、奶泡　　B. 意式浓缩咖啡、牛奶、奶油

C. 意式浓缩咖啡、奶泡、奶油　　D. 意式浓缩咖啡、奶油、糖浆

2. 制作意式拿铁咖啡的牛奶，其最佳温度是（　　）℃。

A. 60　　B. 70　　C. 80　　D. 90

3. 请简述制作咖啡使用单一品种咖啡豆与使用拼配咖啡豆各自的优缺点。

任务八　澳白咖啡制作

任务目标

- 了解澳白咖啡的基本知识。
- 熟悉澳白咖啡的制作技巧。
- 能独立制作澳白咖啡。

理论知识

一、澳白咖啡概述

澳白咖啡（Flat White）起源于大洋洲，诞生的初衷，是希望大家在饮用的时候，每一口都能喝到奶泡与咖啡牛奶的完美结合，只有在奶泡稀薄、牛奶咖啡温度稍低的状态下，才能够每口都喝到奶泡，并且在奶泡分层前就迅速将咖啡喝光。这种保留咖啡浓郁香气，又包含细腻牛奶与奶泡口感的牛奶咖啡受到了广大咖啡爱好者的喜爱，并迅速传遍各大洲（见图4-8）。

图4-8　澳白咖啡

二、澳白咖啡制作技巧

澳白咖啡是一种口感均衡且富有质感的饮品，牛奶与咖啡的比例在3:1到4:1之间，上面铺一层稀薄的奶泡增加口感，厚度为0.3～0.5cm。为了突出咖啡风味，澳白咖啡常使用SOE单品咖啡豆或风味格外突出的拼配豆。制作澳白咖啡常使用150～240mL的玻璃咖啡杯，针对不同的咖啡杯可以调整牛奶与咖啡的用量，但不能因为杯量大小不同而改变萃取的粉水比例。

知识卡片　澳白咖啡为什么不能加冰？

一杯热的澳白咖啡可以让品尝者明显地感受到浓郁的咖啡风味，澳白咖啡中牛奶的占比少，奶泡薄，咖啡的风味更加突出。澳白咖啡中咖啡的味道更加突出，如果加冰，冰块化掉就会稀释咖啡的味道，使其变得和拿铁相似，无法突出其咖啡的醇厚风味。澳白咖啡在创造之初的说法就是从一杯没有打发好的奶泡咖啡发展而来的，打发的奶泡与萃取的浓缩咖啡都是热的，澳白咖啡要求牛奶与咖啡混合后的温度恰好在50℃左右，如果加冰就会破坏这种温度。

任务介绍

同学们，了解了澳白咖啡的理论知识后，请根据澳白咖啡的制作技巧，跟随以下步骤进行澳白咖啡的制作，并了解澳白咖啡与拿铁咖啡的区别。

任务实施

一、准备工作

器具：意式咖啡机、磨豆机、电子秤、粉锤、抹布、浓缩杯、粉碗、布粉器、碟、勺、透明玻璃咖啡杯（便于看到浓缩咖啡与牛奶混合的过程，同时方便咖啡师观察奶泡的厚度）

材料：咖啡豆、全脂牛奶

意式咖啡机

拉花缸

透明玻璃咖啡杯

咖啡豆

全脂牛奶

二、操作步骤

步骤一：意式浓缩咖啡萃取

详细细节可回顾项目四中任务三“意式浓缩萃取”。

步骤二：打发奶泡

向奶缸中倒入约200mL全脂冰牛奶，预热蒸汽管后进行打发，注意将蒸汽倾斜10°～20°，牛奶成功进气后将蒸汽口没入牛奶内持续加热打发。此处奶泡打发可以适当缩短打发时间，只需要稀薄的奶泡即可。

步骤三：将牛奶缓慢加入意式浓缩咖啡

将打发后的牛奶缓慢倾注进意式浓缩咖啡中，为了牛奶与浓缩咖啡更好地融合，可以先倒入少部分牛奶，摇晃杯子使牛奶与咖啡混合，再缓慢倒入剩余牛奶，倒至咖啡杯的九分满。

步骤四：注入奶泡

最后需要在牛奶咖啡的表面覆盖一层薄薄的奶泡，如果不制作拉花，可以使用勺子舀入；制作拉花的话则需要控制倒入的速度，奶泡厚度需要控制在0.5cm以下。

奶泡注入并拉花

注意事项

澳白咖啡与拿铁咖啡、卡布奇诺咖啡相似，但细节的不同却会造就其非同一般的风味。

澳白咖啡浓郁的咖啡风味更加考验咖啡豆的品质，在咖啡豆选取时应选择品质上乘的SOE咖啡豆，或者风味格外突出的拼配豆，如品质最佳的阿拉比卡豆或埃塞俄比亚产地的耶加雪菲豆，或者味道浓郁均衡且具有坚果味的拼配豆。

澳白咖啡通常使用比拿铁、卡布奇诺更小的咖啡杯，但却有更浓郁的咖啡风味。在意式浓缩咖啡萃取阶段，与其他咖啡使用几乎相同的粉量，接取时只接取前面最为浓郁的部分。

在牛奶的选取中，为了在少量的牛奶中增加牛奶的甘甜度，应选取甜度较高、奶味更强的全脂牛奶，适合搭配澳白中深度烘焙的咖啡豆。

学习评价

根据所学知识技能，练习澳白咖啡的制作，并开展师生评价。

评价项目	分数	学生自评（50%）	教师评分（50%）	总分
了解澳白咖啡的基础知识	10			
掌握澳白咖啡的制作技巧	10			
浓缩咖啡萃取时间合适	20			
奶泡打发轻薄丝滑	20			
拉花技巧运用熟练	20			
操作细心、学习态度认真	10			
能进行团队协作、相互沟通	10			
合　　计	100			

拓展阅读　咖啡豆的包装、运输要求

加工好的咖啡豆应单独存放，与销往其他市场的咖啡豆及未加工的咖啡豆隔离分开，防止受到污染；咖啡豆应使用干净卫生、符合植物检疫要求的材料包装；装运前，装运工具要进行彻底的检查，防止受到有害生物污染。

讨论交流

卡布奇诺咖啡、拿铁咖啡、澳白咖啡在牛奶、奶泡、浓缩咖啡上的比例区别是什么？

实训练习

1. 澳白咖啡中牛奶与咖啡的比例是（　　）。

   A. 2:1　　B. 3:1　　C. 1:1　　D. 6:1

2. 制作澳白咖啡的奶泡厚度以（　　）cm为最佳。

   A. 0.4　　B. 0.8　　C. 1.0　　D. 1.5

3. 请简述澳白咖啡选取咖啡豆的要求。

任务九　传统意式花式咖啡制作

任务目标

- 了解传统意式花式咖啡的基础知识与制作技巧。
- 熟悉传统意式花式咖啡的制作配比与参数。

理论知识

一、传统意式花式咖啡概述

了解传统意式花式咖啡之前，我们需要了解基础咖啡。基础咖啡就是只使用咖啡豆磨粉后用各种方法制作出来的纯咖啡饮品。而花式咖啡则是在基础咖啡之上通过加入不同的调味品并通过不同的配比制作而成的咖啡饮料。传统意式花式咖啡则是在意式咖啡诞生后，随之发展出来的流传时间较长的咖啡，这种传统的花式咖啡在长时间的演变中已经发展出一套标准的制作流程和比例。任何传统意式花式咖啡都是在意式浓缩咖啡的基础上加入调味品制作而成，由于意式浓缩咖啡的萃取、奶泡的打发、咖啡拉花技艺等在前面几个任务中已有涉及，本任务只对传统意式花式咖啡做简单概述、对调配比例等进行介绍。

二、传统意式花式咖啡制作技巧

传统意式花式咖啡即以意式浓缩咖啡为基底，由牛奶通过蒸汽做出奶泡，增加不同比例的调味品调制出的咖啡饮品。一般采用拼配咖啡豆制作，可以让味道更加平衡丰富。

议一议

你都喝过什么花式咖啡？请与同学们一起讨论并说说它们的区别。

知识卡片　制作咖啡的水

在成品咖啡中占比最多的物质是水，水对咖啡的风味影响极大，其中水的软硬度更是重要影响因素。

依照世界卫生组织的标准：通常把水中钙、镁离子的含量用“硬度”这个指标来表示，硬度1度相当于每升水中含有10mg氧化钙。低于8度的水称为软水，高于17度的水称为硬水，介于8～17度之间的水称为中度硬水。雨水、雪水都是软水，泉水、深井水、海水、江水、河水、湖水都是硬水。

由于软水和硬水中含有的矿物质不同，其对萃取的咖啡风味影响也很大，会影响咖啡的口感。软水的口感较为柔和，使用软水萃取的浓缩咖啡也更为圆润柔软，但甜度比硬水萃取的咖啡低。硬水中包含的钙离子能够在一定程度上提升萃取出来的咖啡甜味，但钙离子如果过多，则口感会不够柔和。相对于硬水来说，软水会使咖啡的风味不够清晰，因为在萃取咖啡时，如果有一定量的钙离子和碳化物时，可以在适量矿物质的平衡下产生更佳的风味。

任务介绍

同学们，了解了花式咖啡的理论知识后，以下会介绍几种传统意式花式咖啡及其制作步骤，请同学们跟着步骤学习并尝试制作传统意式花式咖啡。

任务实施

一、准备工作

器具：意式咖啡机、磨豆机、电子秤、粉锤、抹布、浓缩杯、粉碗、布粉器、碟、勺、咖啡杯

材料：咖啡豆、全脂牛奶

意式咖啡机

拉花缸

咖啡杯

咖啡豆

全脂牛奶

二、操作步骤

传统意式花式咖啡都是在意式浓缩咖啡的基础上增加不同比例的牛奶、奶泡、调味品，或调整咖啡的温度制作而成的，请同学们根据自己的学习进度准备相应的器具与材料。

1. 玛奇朵咖啡（Machiatto）

传统的意式玛奇朵是在意式浓缩咖啡中加入牛奶，并在其混合物上放置一撮奶泡。现在由其发展出的焦糖玛奇朵咖啡是先将牛奶和焦糖糖浆混合后再加入奶泡，然后再倒入咖啡，最后在奶泡上淋上网格状焦糖。

玛奇朵咖啡

原料准备：意式浓缩咖啡、全脂牛奶、焦糖糖浆。

制作步骤：

步骤一：萃取一份意式浓缩咖啡。

步骤二：使用200mL牛奶打发奶泡。

步骤三：向意式浓缩咖啡中注入打发加热后的牛奶。

步骤四：舀一勺奶泡轻轻倾倒在牛奶与咖啡的混合饮品表面。

步骤五：倒入奶泡后使用焦糖糖浆在奶泡表面拉出网格状装饰。

2. 康宝蓝咖啡（Con Panna）

康宝蓝咖啡是用鲜奶油、咖啡等制作而成的饮品。只要在意大利浓缩咖啡中，加入适量的鲜奶油，即可轻松地完成一杯康宝蓝咖啡的制作。

原料准备：意式浓缩咖啡、淡奶油、白糖。

制作步骤：

步骤一：萃取一份意式浓缩咖啡。

步骤二：淡奶油打发。淡奶油加入适量白糖，奶油杯底放置部分冰块以防在打发过程中奶油升温。

步骤三：向浓缩咖啡顶部舀入打发好的淡奶油（舀入两大勺淡奶油即可）淡奶油与浓缩咖啡不需要搅拌，康宝蓝咖啡的风味就是冰凉的淡奶油与热的意式浓缩咖啡的融合。

康宝蓝咖啡

3. 美式咖啡（Caffè Americano）

美式咖啡就是向意式浓缩咖啡中加入大量的热水，既缓解了意式浓缩咖啡的浓稠度，又充分保留了意式浓缩咖啡的风味。

原料准备：意式浓缩咖啡、热水。

美式咖啡制作

美式咖啡

制作步骤：

步骤一：萃取一份或两份意式浓缩咖啡。

步骤二：使用大咖啡杯盛放约300mL热水。

步骤三：将意式浓缩咖啡倒入盛放热水的大咖啡杯中。

4. 阿芙佳朵（Affogato）

阿芙佳朵是一种由两种主要成分制成的甜点——香草冰淇淋和浓缩咖啡。“Affogato”一词最初出现在意大利，英语中的字面意思是“浸没的”，顾名思义因为阿芙佳朵是一勺“浸没”在浓缩咖啡里的冰淇淋。

原料准备：意式浓缩咖啡、香草冰淇淋、调味品（巧克力碎、甜酒、果干等）。

阿芙佳朵咖啡制作

制作步骤：

步骤一：萃取一份意式浓缩咖啡。

步骤二：在咖啡杯中放置1～2颗冰淇淋球。

步骤三：将萃取好的意式浓缩咖啡浇在冰淇淋球上。

步骤四：根据个人喜好将调味品适量撒在冰淇淋球上。

阿芙佳朵咖啡

项目四

5. 布雷卫咖啡（Breve）

布雷卫咖啡以意式浓缩咖啡为基底，向内加入一半牛奶和奶油的混合物，再在上面点缀一层奶泡的咖啡品种。

原料准备：意式浓缩咖啡、全脂牛奶、淡奶油。

布雷卫咖啡

制作步骤：

步骤一：萃取一份意式浓缩咖啡。

步骤二：打发适量的淡奶油，打发度为5～6分。

步骤三：热牛奶与奶油混合均匀，不留奶油膏体。

步骤四：将奶油与牛奶的混合液体加入意式浓缩咖啡中。

步骤五：最后加入一勺奶泡。

6. 维也纳咖啡（Viennese Coffee）

维也纳咖啡是奥地利最著名的咖啡，以浓浓的鲜奶油和巧克力的甜美风味著名。通常是在意式浓缩咖啡上加冰奶油、巧克力糖浆佐以适量七彩糖粉。

原料准备：意式浓缩咖啡、鲜奶油、巧克力糖浆、七彩糖粉。

维也纳咖啡

制作步骤：

步骤一：萃取一份意式浓缩咖啡。

步骤二：将鲜奶油以逆时针或顺时针方向旋转挤到意式浓缩咖啡之上。

步骤三：在奶油上加适量巧克力糖浆与七彩糖粉。

7. 短萃咖啡（Ristretto）

短萃咖啡是所有浓缩咖啡里具有超高浓度的浓缩咖啡。它是用双份浓缩咖啡的咖啡粉量、50%的水量，采取短冲形式制作出来的浓缩咖啡。通常萃取一杯意式浓缩咖啡需要25～30s，而短萃咖啡只保留前半段，也就是15～20s，水量自然也比意式浓缩咖啡要少一半，这种萃取方法即为短冲。

短萃咖啡

8. 短笛咖啡（Piccolo）

Piccolo在意大利文中意为短笛，也是迷你的、小的。顾名思义是迷你版咖啡，做法配比基本和拿铁咖啡一样，牛奶比拿铁的比例更少，咖啡味更重。短笛咖啡是咖啡师为了在每日不过度摄取咖啡因的前提下，快速地检验豆子和牛奶的品质，尝试制作出的迷你咖啡。

原料准备：意式浓缩咖啡，全脂牛奶。

短笛咖啡

制作步骤：

步骤一：萃取半份意式浓缩咖啡，或萃取一份浓缩咖啡后倒出15～20mL。

步骤二：打发牛奶至有一层奶泡，倒出约80mL牛奶与奶泡。

步骤三：将牛奶与奶泡倒入半份意式浓缩咖啡中。

学习评价

根据所学知识技能，练习传统意式花式咖啡的制作，并开展师生评价。

评价项目	分数	学生自评（50%）	教师评分（50%）	总分
了解传统意式花式咖啡的基础知识	10			
掌握传统意式花式咖啡的制作技巧	10			
萃取合格的意式浓缩咖啡	20			
奶泡打发合格	20			
掌握三种以上花式咖啡的制作	20			
学习态度端正、遵守纪律	10			
能进行团队协作、相互沟通	10			
合　计	100			

拓展阅读　咖啡师国家职业技能标准

1. 职业名称：咖啡师。

2. 职业编码：4-03-02-08。

3. 职业定义：在咖啡馆或西餐厅等咖啡服务场所，进行咖啡拼配、焙炒、制作销售及咖啡技艺展示工作的人员。

4. 职业技能等级：本职业共设五个等级，分别为五级/初级工、四级/中级工、三级/高级工、二级/技师、一级/高级技师。

5. 职业环境条件：室内、室外、常温。

6. 职业能力特征：具有学习和计算能力，具有视觉、味觉、嗅觉、触觉的鉴赏能力，手指、手臂灵活，动作协调，语言表达能力较强。

讨论交流

各种花式咖啡的区别是什么？

实训练习

1. 请简述传统意式花式咖啡的制作技巧。
2. 请简述制作咖啡对水质的要求。
3. 请简述布雷卫咖啡与意式拿铁咖啡的区别。

项目五

单品咖啡制作

项目提要

本项目旨在提供单品咖啡制作的全面指南，以九个任务为核心，涵盖了各种不同类型的单品咖啡制作方法。

通过完成这九个任务，掌握各种单品咖啡的制作方法，了解不同制作方法对咖啡口感和风味的影响。同时，本项目还将提供任务实施，让学员能够亲身尝试制作各种单品咖啡，提升咖啡制作技能。

项目内容

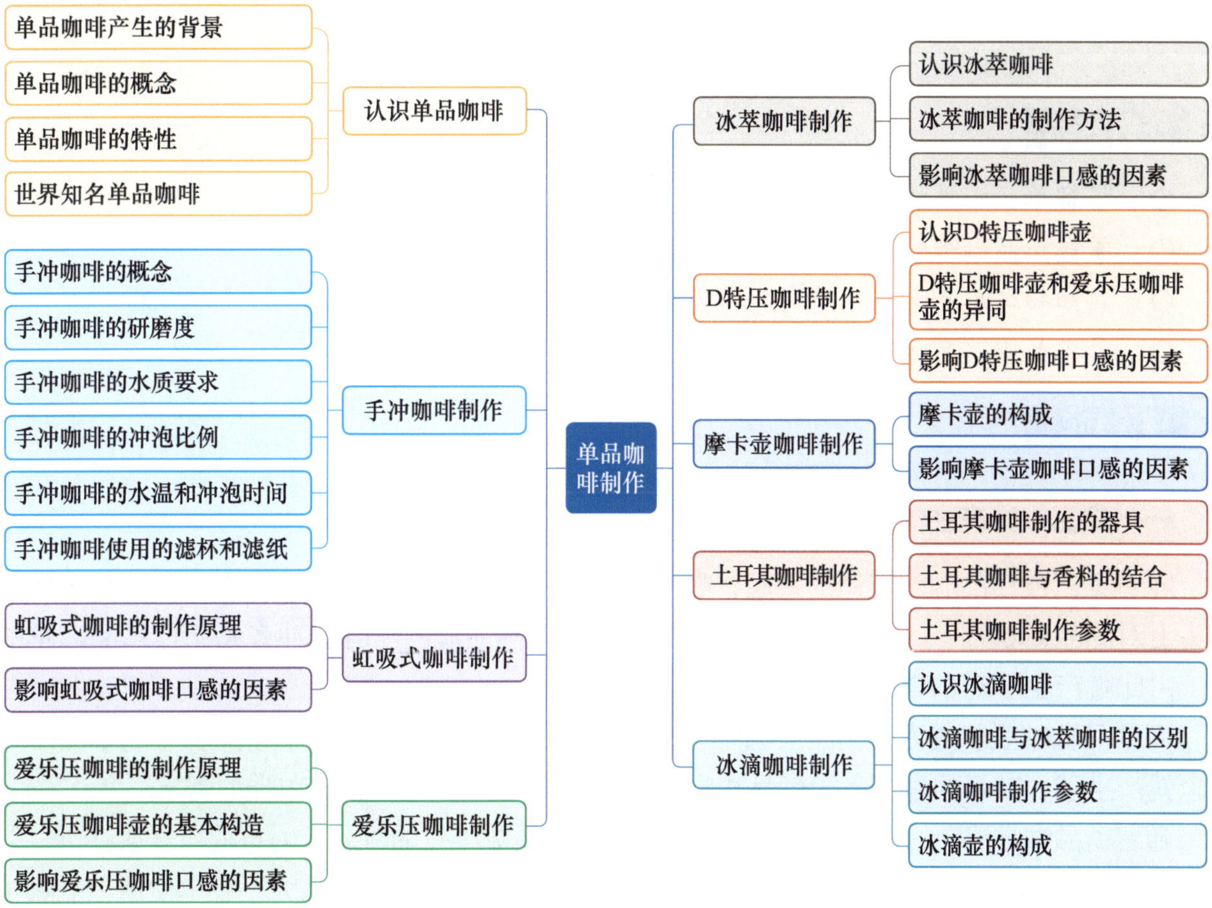

引入案例 小陈的单品咖啡之旅

小陈一开始对咖啡只是略知一二，觉得它只是一种提神的饮料，当他在咖啡店实习一段时间后，对咖啡的认知发生了改观。

在这段时间里，小陈被咖啡的世界吸引。他每天都与店长交流，学到了不少咖啡的知识。从咖啡豆的产地到烘焙的技艺，小陈开始慢慢了解到原来咖啡的世界远比他想象中更加广阔和复杂。

随着实习的深入，小陈对单品咖啡产生了浓厚的兴趣。他从店长口中得知，单品咖啡是一种强调咖啡豆产地和独特风味的咖啡。于是，小陈开始翻阅各种资料，了解单品咖啡的种类、特性以及不同产地。

在这个过程中，小陈不仅是一个实习生，也逐渐成了咖啡的热爱者。他决定以书写的方式，记录下自己对单品咖啡的探索和理解，希望能够分享给更多像他一样对咖啡感兴趣的人，让大家一同踏入这神奇而美妙的单品咖啡之旅。

阅读思考：

1. 单品咖啡强调不同地区或品种的独特风味，请思考原因有哪些。
2. 如果你是小陈，你会如何描述单品咖啡与传统咖啡之间的不同之处？

任务一　认识单品咖啡

任务目标

- 了解单品咖啡的概念和特性。
- 掌握单品咖啡的特性。
- 熟知知名单品咖啡的类别和特点。
- 具备品鉴单品咖啡的技能。

理论知识

一、单品咖啡产生的背景

随着第三波精品咖啡浪潮的兴起，咖啡爱好者对高品质咖啡越发的热衷。业界普遍认可从源头上对高品质咖啡——精品咖啡进行定义，认为用高品质的咖啡豆冲煮是制作精品咖啡的关键。由此就产生了对咖啡豆品质界定的业界行为。

而单品咖啡豆就成为对高品质咖啡豆进行界定的概念，由此服务于精品咖啡的单品咖啡豆概念就产生了，其目的是服务于精品咖啡浪潮下咖啡爱好者对高品质咖啡的需求。

随着精品咖啡浪潮的发展，单品咖啡豆代表高品质咖啡豆的概念已为行业所普遍认可。但咖啡爱好者远远不满足于此，咖啡爱好者继续对高品质咖啡进行限定，认为不单单使用单品咖啡豆就能萃取出高品质咖啡。他们继续提出单品咖啡的概念，认为在使用单品咖啡豆的前提下，使用单一冲泡手法和器具，并且不添加其他材料的咖啡才是单品咖啡，即高品质咖啡。单品咖啡是咖啡爱好者对高品质咖啡的追求过程中所产生的，是对咖啡独特风味的凝练和不断追求。

二、单品咖啡的概念

单品咖啡的概念有两种说法，对于咖啡豆种植者而言，单品咖啡是指单品咖啡豆，而对于终端市场来说是指单品咖啡成品。单品咖啡豆是指来自同一产区、同一批次以及同一处理方法，并在该产区微型气候条件下形成的具有该产区独特风味的咖啡豆。而在终端市场的单品咖啡是指使用单品咖啡豆冲泡出来的，饮用的时候未添加其他诸如牛奶、抹茶、果汁等原料的咖啡。现在日常生活中所提到的单品咖啡一般指终端市场上的单品咖啡。

三、单品咖啡的特性

掌握单品咖啡的特性是辨识单品咖啡的关键。单品咖啡最大的特性就是其可溯源性，其次还有口感上一品一风味、高品高价、种类多样等特征。

可溯源性是单品咖啡最主要的特性。单品咖啡就是明确来自某单一产区或是某单一庄园的单一品次的，并且通过单一处理方法的咖啡豆冲泡出的咖啡。这就使单品咖啡极易标明其源头信息。对于一颗单品咖啡豆甚至可以精确到其咖啡树所在地块。正因如此，精品咖啡的高度可溯源性成为鉴别一杯咖啡是否是单品咖啡的重要依据之一。

一品一风味是单品咖啡的第二个特性。相较于拼配咖啡而言，单品咖啡的口感是有别于拼配咖啡的风味如常、口感平稳。单品咖啡不像拼配咖啡那样，会通过不同风味的咖啡豆的混合来达到一个平稳的口感，并保证每一批咖啡的口感一致。单品咖啡则是始终采用单一产区、单一品种、单一处理方式以及单一批次的咖啡，而每一批次的单品咖啡都由烘焙师进行特殊烘焙，又加之不同的萃取方式就使得单品咖啡的风味是千变万化的，每一道单品咖啡都映射出了该批次咖啡豆所在产地微型气候所孕育出的风味，以及该批次烘焙师对烘焙度的把控。所以，单品咖啡的风味是变幻多姿的。

高品高价和种类多样是单品咖啡的另外两个特性。单品咖啡由于不同于拼配咖啡的统购统加工，单品咖啡需要单一产区、单一收购和单一加工，这在保证了咖啡品质的同时，也增加了咖啡加工的成本，促成了单品咖啡高品高价的现象。此外，单品咖啡的种类多样，每一个产区，或是每一个庄园就能生产出一个品类的单品咖啡，这使单品咖啡出现种类多样的特征。但是，并非每一种单品咖啡都是优质的精品咖啡，只有那些优质产地/庄园的单品咖啡，因其独特迷人的芳香咖啡风味才是单品咖啡中的精品咖啡，如蓝山咖啡、摩卡咖啡、曼特宁咖啡等都是优质的单品咖啡。

四、世界知名单品咖啡

1. 蓝山咖啡

蓝山咖啡是世界咖啡爱好者公认的顶级单品咖啡，其产区位于牙买加海拔最高处的蓝山之上，四周被加勒比海环绕，造就了十分适宜咖啡生长的微型气候。又加之天气晴朗的时候阳光将加勒比海水的蓝色映射到山脉上而呈现出一条蓝色的山脉，蓝山由此而得名。蓝山咖啡一直受到单品咖啡爱好者的热衷。而且国际上还公认，只有蓝山海拔1800m以上的产区的咖啡才是真正的蓝山咖啡。

蓝山咖啡采取水洗法处理咖啡豆，咖啡豆品质较高。加之特殊的海拔和海岛气候，蓝山咖啡呈现出的口感柔顺，且带着微微的花香味。

2. 圣多斯咖啡

圣多斯咖啡是一款来自巴西的单品咖啡，其命名方式是以港口的名字命名的。圣多斯咖啡产区位于巴西南部的圣保罗州四周的山谷。由于其酸味、甘味、苦味偏中性，还被誉为是最好的调配用豆。但随着第三波精品咖啡浪潮的到来，圣多斯咖啡开始以单品咖啡的身份亮相，获得咖啡爱好者的青睐。圣多斯咖啡是巴西乃至世界认可度较高的单品咖啡。

圣多斯咖啡冲泡出的单品咖啡口感独特，入口纯净柔滑，酸度较高，醇度适中，且带有一丝的坚果味。

3. 曼特宁咖啡

曼特宁咖啡是亚洲咖啡中的精品。曼特宁咖啡的产区位于印度尼西亚苏门答腊岛上的海拔1500m左右的高山之上，高海拔和海岛微型气候非常适宜咖啡种植。

曼特宁咖啡在口感上以其高醇度最为突出，此外还带有微酸味。在香味方面，由于其咖啡豆适合深度烘焙，其香味浓厚。业界对曼特宁咖啡也是以“黄金曼特宁”称呼，足见其是单品咖啡中的精品。

4. 康娜咖啡

康娜咖啡是一款来自美国的单品咖啡，其产区位于美国夏威夷岛上科纳地区的南部和西部的火山之上，同样拥有适宜咖啡生长的海岛微型气候。

康娜咖啡的口感香醇微酸，其咖啡豆豆形漂亮。在饮用康娜咖啡时，会品味到一股葡萄酒一般的香味，且入口温顺丰润。由于其产量较少，所以其价格较高，是美国地区的一款精品单品咖啡。

知识卡片 咖啡产业链

咖啡产业链涉及从种植咖啡豆到最终消费者手中的完整过程，其中涵盖了多个环节。

种植与采摘：这是咖啡产业链的起点。咖啡果通常需要数月至一年的时间才能成熟。采摘时，工人会手工选择成熟的咖啡果，以确保采摘的质量和成熟度。

加工与处理：采摘后，咖啡果通常会进行加工处理。有干法和湿法两种主要的加工方法。加工过程对咖啡豆的品质有很大影响。

出口与运输：加工后的咖啡豆被运送到世界各地，这需要进行包装、标记和运输。

烘焙与研磨：进口商或咖啡烘焙公司收到咖啡豆后，会进行烘焙。烘焙的时间和温度决定了咖啡豆的风味。烘焙后的咖啡豆可能会研磨成粉末或碾碎成粒状。

零售与消费：烘焙后的咖啡豆被销售给咖啡店、超市或在线零售商。消费者购买咖啡豆或现成的咖啡产品，煮制成饮品或直接享用。

任务介绍

根据所学基础知识，对一杯已经做好的单品咖啡进行品鉴，并完成一份品鉴报告。

任务实施

步骤一：清洁口腔

咖啡带有浓浓的香味，为了品味到咖啡的原香，应尽可能地保持口腔的清洁无异味。所以在品鉴单品咖啡前最好先用冷水清洁一下口腔。

步骤二：观察菜单并了解咖啡的源头

品鉴咖啡前应做好充分的理论知识准备，其中了解单品咖啡豆的来源是非常重要的。品鉴能力的一部分就体现在对单品咖啡的解读上，其中也包括对咖啡豆的溯源讲解。在品鉴一杯单品咖啡时应观察该咖啡的菜单并详细了解咖啡豆的产区、处理方法、烘焙度等。一般的单品咖啡店菜单上都会标注每款咖啡豆的详细信息。

步骤三：品鉴咖啡

如若清理口腔的时间和品鉴咖啡的时间间隔较久，喝咖啡前应先喝一口冰水，使咖啡的味道更加明显。单品咖啡还应趁热饮用，因为咖啡中含有单宁酸，随着咖啡的冷却单宁酸会加速挥发，使咖啡酸味增加，影响咖啡原本的口感。最后在将咖啡喝进口腔后，应用舌头细细地品味咖啡的苦味、酸味、醇度、风味。

步骤四：完成咖啡品鉴报告单

在品鉴完单品咖啡后，完成对该单品咖啡的品鉴报告单，对其苦味、酸味、醇度、风味进行五级制评价，并写下品鉴评价与心得。

咖啡品鉴报告单					
口感	等级（由1到5表示苦味、酸味、醇度越来越高，风味越来越均衡）				
苦味	1	2	3	4	5
酸味	1	2	3	4	5
醇度	1	2	3	4	5
风味	1	2	3	4	5

学习评价

根据所学知识技能，进行任务实施，并开展师生评价。

评价项目	分数	学生自评（50%）	教师评分（50%）	总分
了解单品咖啡的概念	10			
掌握单品咖啡的特性	10			
能够按要求完成咖啡品鉴	20			
能够独立完成咖啡品鉴报告单	20			
能够口述品鉴咖啡的口感	20			
学习态度端正、遵守纪律	10			
能进行团队协作、相互沟通	10			
合　计	100			

拓展阅读　单品咖啡的未来发展探讨

单品咖啡作为咖啡产业中的一个重要分支，在未来有望经历一些有趣的发展趋势。

消费者对品质的追求：随着消费者对食品和饮料品质的不断追求，对单品咖啡的需求也将增加。消费者更加关注咖啡的来源、品质和独特性，愿意为更优质的单品咖啡支付更高的价格。

可持续和透明供应链：未来，对于咖啡产业中可持续和透明供应链的要求将更加迫切。消费者对于咖啡豆的来源、种植方式、生产条件以及对生产者和社区的影响越来越关心，单品咖啡将在这方面发挥示范作用。

技术和创新的影响：技术的进步可能会影响单品咖啡的生产和消费方式。例如，数字化技术可能被应用于咖啡产地的管理和追溯，提供更直观的信息给消费者。另外，咖啡烘焙和萃取的技术创新也可能改善咖啡的品质和口感。

多样化的单品选择：随着消费者口味的不断变化和对不同风味的追求，未来可能会涌现更多不同产地、不同处理方式和品种的单品咖啡。这将为消费者提供更多选择，也将促进咖啡文化的发展和多样性。

教育和体验的重视：为了满足消费者对咖啡知识的渴求，咖啡店和咖啡品牌可能会更加注重教育和体验。咖啡品鉴课程、工作坊和咖啡活动将成为推动单品咖啡发展的重要因素。

实训练习

1. 单品咖啡的口感非常稳定。（　　）
   A. 正确　　B. 不正确
2. 下列选项中不属于单品咖啡特性的是（　　）。
   A. 可溯源性　　B. 风味千变万化　　C. 价格低　　D. 价格昂贵
3. 下列说法正确的是（　　）。
   A. 所有单品咖啡品质都高于拼配咖啡　　B. 全球单品咖啡产量巨大
   C. 黑咖啡属于单品咖啡
4. 下列不属于品鉴咖啡时应注意的是（　　）。
   A. 保持口腔的清洁　　B. 单品咖啡品鉴应该趁热享用
   C. 品鉴咖啡前不能和冰水
5. 下列说法不正确的是（　　）。
   A. 只有阿拉比卡种咖啡能成为单品咖啡
   B. 蓝山咖啡是较多咖啡爱好者钟爱的一款单品咖啡
   C. 单品咖啡的价格较高

任务二　手冲咖啡制作

手冲咖啡制作

任务目标

- 了解手冲咖啡的概念。
- 熟知手冲咖啡的研磨度、水质要求、冲泡比例、水温和冲泡时间相关知识。

- 熟知并掌握不同滤杯和滤纸种类及其相应优缺点。
- 具备制作手冲咖啡的技能。

理论知识

一、手冲咖啡的概念

手冲咖啡是一种以手工方式制作咖啡的技艺。它要求手工控制水温、水流和冲泡时间，通过滤纸或滤网精细过滤，萃取出咖啡的浓郁香醇。每一步操作都需精心调控，以展现咖啡的最佳风味。

从功能性定义来看，手冲咖啡能够最大限度地保留咖啡豆的原始风味，通过手工冲泡的方式，将咖啡的酸、甜、苦、香等味道层次完美呈现，带给饮用者独特的味觉享受。

从文化性定义来看，手冲咖啡已经成为一种生活态度和社交文化的象征。它代表着对品质生活的追求，对细节的执着，以及与他人分享美好事物的意愿。手冲咖啡不仅是一种饮品，更是一种文化的传承和交流。

二、手冲咖啡的研磨度

研磨度是根据所使用的冲泡设备和个人口味来调整的。一般来说，较细的研磨粉末适用于手冲壶或凝集滴漏壶，而较粗的研磨粉末适用于法式压滤壶或冷萃器。详细的冲泡器具所对应研磨度参见项目三有关咖啡研磨度的介绍。

研磨度的目标是使研磨后的咖啡颗粒均匀一致，避免出现过粗或过细的颗粒。

三、手冲咖啡的水质要求

水质对咖啡的口感和风味有很大影响。优质的纯净水或过滤水是手冲咖啡的最佳选择，因为它们不含对口感有负面影响的氯、铁锈或其他杂质。同时应避免使用软水，因为软水含有的氯气或其他化学物质会对咖啡的口感产生负面影响，其中的盐分可能会影响咖啡的提取和口感。

四、手冲咖啡的冲泡比例

咖啡冲泡比例通常以咖啡粉的重量与水的重量之比来表示。常见的咖啡冲泡比例有：

1:10或更少的水：表示每克咖啡粉需要10mL或更少的水。这是较为浓烈的冲泡比例，适合喜欢浓郁口味的咖啡爱好者。

1:15或1:16：表示每克咖啡粉需要15～16mL水。这是常见的中等浓度的冲泡比例，适合大多数的咖啡制作方法和多数人的口味喜好。

1:18或1:20：表示每克咖啡粉需要18～20mL水。这是偏淡的冲泡比例，适合喜欢清淡口味的咖啡爱好者。

对于手冲咖啡新手，咖啡冲泡比例一般建议使用15克咖啡粉配以240mL的水，以获得适中的浓度和口感。而后，可以根据个人口味和咖啡豆的特点进行适当调整。

五、手冲咖啡的水温和冲泡时间

手冲咖啡的水温和冲泡时间是影响咖啡味道和品质的两个重要因素。

水温是影响咖啡提取的关键因素之一。一般来说，水温过高会导致咖啡过度提取，产生苦涩的味道；水温过低则会导致咖啡味道不浓郁。推荐的水温范围是92～96℃，这个范围内的水温可以使咖啡充分溶解，提取出丰富的风味。在冲泡过程中，水温会逐渐下降，因此可以考虑将开水稍微冷却一段时间，以确保水温在合适的范围内。

手冲咖啡对冲泡时间的把控也极其重要。冲泡时间是指水与咖啡接触的时间，直接影响咖啡的提取效果和口感。时间过短会导致咖啡味道不浓郁，时间过长则会导致咖啡过度提取，产生苦涩的味道。而冲泡时间的长短与研磨度、水温、冲泡设备等因素有关。一般来说，较细的研磨度、较高的水温和较长的冲泡时间会使咖啡提取更充分，咖啡呈现苦味，醇度较高；较粗的研磨度、较低的水温和较短的冲泡时间则会使咖啡提取较少，咖啡呈现酸味、爽口。具体地讲，冲泡时间的推荐范围是2～4min，也可以根据个人口味和咖啡豆的特性进行调整。可以通过试验的方式来确定最佳的冲泡时间，观察出水速度和咖啡的变化，以及品尝提取的咖啡，来调整冲泡时间。

六、手冲咖啡使用的滤杯和滤纸

决定一杯手冲咖啡口味的因素除了上述谈到的研磨度、水质、水温、冲泡时间等因素外，不同的滤杯和滤纸冲泡出来的咖啡味道也不同。

手冲咖啡的滤杯分类方法多样，可以按材质、孔洞数量、形状以及导流槽分别进行分类。咖啡滤杯按材质可以分为玻璃、陶瓷、金属等几种常见类型，按孔洞数量可以分为单孔、双孔、三孔滤杯等，按形状进行分类可分为圆锥形、梯形（扇形）、平底形以及其他形状。所以，在选择咖啡滤杯时，可以根据自己的喜好对应选择相应的滤杯。

滤纸是手冲咖啡常用的过滤材料。滤纸的类型丰富多样，不同的滤杯需要搭配不同的滤纸配套使用，不同的滤纸可以影响咖啡的萃取效果和口感。常用的滤纸有梯形滤纸、圆锥形滤纸、蛋糕形滤纸、法兰绒滴滤等。

知识卡片 手冲咖啡之三段式冲煮法

三段式冲煮法是手冲咖啡常用的冲煮方法，通过分三个阶段注水冲煮咖啡而得名。第一阶段注水的作用是蒸煮咖啡，使咖啡粉吸水膨胀；等待蒸煮30s左右后，进行第二阶段注水，其作用是萃取咖啡，得到咖啡液；待第二阶段的注水面下降接近完全的时候，进行第三阶段注水，其作用是根据咖啡浓度和咖啡量的需求加水得到合适的咖啡液。

任务介绍

由于手冲咖啡滤杯种类多样，此任务我们选取最常用的手冲咖啡滤杯——卡丽塔式滤杯完成手冲咖啡冲泡实操任务。

任务实施

一、准备工作

器具：卡丽塔式滤杯、滤壶、梯形滤纸、手动拨粉磨豆机、电子秤、咖啡杯、咖啡热水壶

材料：咖啡豆、纯净水（一人份咖啡需15g咖啡豆和240mL纯净水）

卡丽塔式滤杯

滤壶

梯形滤纸

手动拨粉磨豆机

电子秤

咖啡杯

咖啡热水壶

二、操作步骤

步骤一：咖啡豆研磨

选择新鲜烘焙的咖啡豆，并在磨豆前预热磨豆机。研磨粉末的细度应根据选择的单品咖啡种类和所需口味来决定。

步骤二：手冲壶安装

准备咖啡壶和滤纸，将滤纸折叠并放入咖啡壶中，用温水浸泡，并将浸泡水倒掉。这样做可以去除滤纸的纸浆味，并帮助滤纸适当贴合咖啡壶的形状。将滤杯放在咖啡壶上方，以便倒入咖啡。

步骤三：加入咖啡粉

将研磨好的咖啡粉倒入安装有滤纸的滤杯中，轻轻敲打或摇晃滤杯，使滤纸中的咖啡粉变平整，位于滤纸中心。

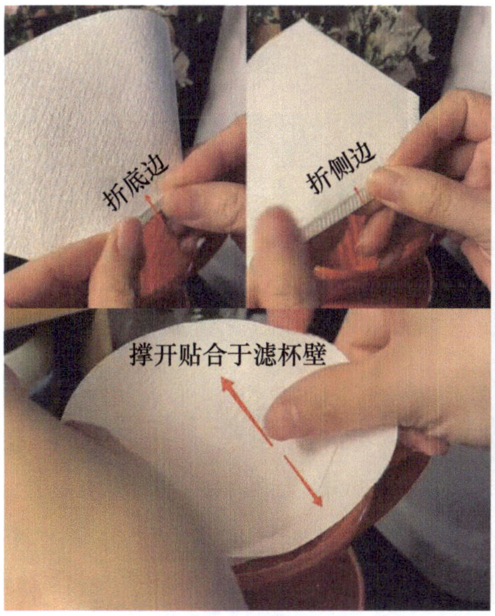

咖啡滤纸折叠安装

浸泡滤纸和安装滤杯

步骤四：控温烧水

将240mL纯净水加入水壶，并将其加热至90～95℃，这个温度是最适合冲泡单品咖啡的温度。

步骤五：加水冲泡咖啡

第一次加入热水，蒸煮咖啡粉：将热水从咖啡粉正中间上方2～3cm处倒入，并以画圈式的手法从咖啡粉中心向外倒入热水，倒入热水量能将全部咖啡粉打湿即可。而后，浸泡咖啡粉1min，这样可以先行去除气体，让咖啡粉更加均匀地接受热水的蒸煮。

第二次加入热水，萃取咖啡：缓慢地，从中央向外以画圈的手法倒入热水，接近滤纸的时候再以同样画圈式的手法从外向中央倒入热水。不断重复上述动作，倒入约两倍咖啡粉量的热水，这样可以激活咖啡粉的味道。等待15～20s，让咖啡粉充分膨胀和气化，这个过程称为“膨胀期”。

加入剩余的热水：以同样画圈折返加水的手法，倒入剩余的热水。在这个阶段中，水应倒入杯子的三分之二处，然后等待水分滤入豆子中，确保水位不超过杯子的边缘。在这个过程中，水流需要均匀地覆盖咖啡粉，并保持持续的水流速度，以保证最终的咖啡口感。

等待咖啡水过滤完全：等待3～4min，直到所有的水分滤入杯中。如果需要调整咖啡的口感，可以尝试缩短或延长水流时间。

萃取咖啡注水方式

步骤六：倒入咖啡杯，享用咖啡

搅拌：用搅拌棒轻轻地搅拌咖啡，这样可以混合所有的味道。如果使用的是玻璃杯，要注意不要用金属勺子搅拌，以免杯子破裂。

品尝：等待咖啡冷却至合适的温度，即可品尝制作的咖啡。单品咖啡有不同的口感和味道，可以在制作过程中尝试不同的烘焙程度和水温等。如果咖啡口感过酸，可以用更粗的磨豆粉或更短的浸泡时间来降低酸度；如果咖啡口感过苦，可以用更细的磨豆粉或更长的浸泡时间来降低苦味。

注意事项

水温控制：保持水温在90～95℃之间，过热或过凉的水都会影响咖啡的味道。最好使用可控温式热水壶或温度计来精确控制水温。

研磨度选择：卡丽塔式滤杯适合中细度的咖啡粉。如果咖啡粉太细，可能会导致水流速度过慢，咖啡提取过度；如果咖啡粉太粗，可能会导致水流速度过快，咖啡提取不充分。应根据个人喜好和滤杯的大小来选择适当的研磨度。

浸湿咖啡粉：在倒入热水前，先用少量热水将滤纸和滤杯进行预热，然后将适量的咖啡粉放入滤杯中，用一小部分热水浸湿咖啡粉。等待一段时间，让咖啡膨胀和释放气体。

注意滴水速度：根据个人喜好和咖啡粉的种类，可以调整滴水速度。较慢的滴水速度可以增加浸泡时间，提取更多的咖啡风味；较快的滴水速度可以减少浸泡时间，得到清淡且口感较轻的咖啡。

及时享用：一旦咖啡滴落完成，尽快将滤杯中的咖啡倒入咖啡杯中，因为咖啡会随着时间的推移而变凉，从而影响口感。

清洁保养：制作完成后及时清洗滤杯和滤纸，保持滤杯的清洁。定期进行深度清洁和保养，如煮沸滤杯以去除咖啡油渍。

学习评价

根据所学知识技能，进行任务实施，并开展师生评价。

评价项目	分数	学生自评（50%）	教师评分（50%）	总分
了解手冲咖啡的理论知识	10			
掌握滤杯和滤纸的分类和特性	10			
能够无误使用卡丽塔滤杯及其相关器具	20			
能够按步骤完成卡丽塔咖啡的冲泡	20			
能够精确控制卡丽塔滤杯冲泡咖啡的水温、水流及时间	20			
学习态度端正、遵守纪律	10			
能进行团队协作、相互沟通	10			
合　计	100			

拓展阅读　手冲咖啡在现代社会流行的原因

手冲咖啡在现代社会中流行的原因涉及多个方面，主要包括以下几点。

1．个性化和定制化需求

现代消费者越来越注重个性化体验，手冲咖啡能够满足这种需求。每一杯手冲咖啡都可以根据个人口味和偏好进行调整，从选择咖啡豆到研磨和萃取方式，都能够实现个性化定制。

2．品质和口感追求

手冲咖啡通常以更精细的方式制作，可以更好地保留咖啡豆的原始风味。相比于传统的咖啡机萃取方式，手冲咖啡更注重水温、冲泡时间和手法，产生更丰富复杂的口感，满足了消费者对品质和口感的追求。

3．咖啡文化的兴起

近年来，咖啡文化越来越受欢迎。人们不仅仅是为了饮用咖啡，更多的是享受咖啡背后的故事、工艺和体验。手冲咖啡作为一种独特的制作方式，与咖啡文化紧密相连，成为追求品味和享受生活的方式之一。

4．社交和社区感

手冲咖啡的制作过程相对较慢，提供了更多的交流和社交机会。咖啡师与客人之间可能会有更多互动，这种社交体验也成为吸引人们选择手冲咖啡的因素之一。

5．可视化和体验性

手冲咖啡的制作过程更加可视化，例如倒水、搅拌和观察咖啡的萃取过程等，使得整个制作过程更具有仪式感和体验性，吸引了消费者的注意。

实训练习

1. 手冲咖啡冲泡需要使用（　　）。

   A. 硬水　　B. 软水　　C. 工业用水

2. 手冲咖啡最常用的冲泡比例不包括（　　）。

   A. 1:15　　B. 1:10　　C. 1:30　　D. 1:18

3. 手冲咖啡的冲泡时间一般在（　　）min。

   A. 8～10　　B. 6～7　　C. 2～4

4. 下列不属于单孔滤杯的是（　　）。

   A. 卡丽塔式滤杯　　B. 梅丽塔式滤杯　　C. Hario V60式滤杯

5. 滤杯按不同材质分为________________________________。
6. 滤杯按不同孔洞数分为______________________________。
7. 滤杯按不同形状分为________________________________。
8. 滤纸的类型有哪几种？描述其特点。
9. 简述不同孔洞数滤杯的优点和缺点。

任务三　虹吸式咖啡制作

任务目标

- 了解虹吸式咖啡的制作原理。
- 熟知虹吸式咖啡壶的部件构成。
- 掌握影响虹吸式咖啡口感的因素。
- 具备制作虹吸式咖啡的技能。

虹吸式咖啡制作

理论知识

一、虹吸式咖啡的制作原理

虹吸式咖啡（Siphon Coffee），又称虹吸咖啡，是一种利用虹吸效应萃取咖啡的方法制作而成。虹吸式咖啡制作过程是通过在虹吸壶中创建一个负压环境，利用液体在管道中的上升现象，使热水自然地流过咖啡粉，实现咖啡的提取。

在体积固定的前提下，由于上下两壶呈连通状态，通过给下壶中的冷水加热，使下壶沸水产生蒸汽而气压上升，下壶以高压力态势将沸水经由玻璃柱连通管压入上层，接着利用浸泡的原理萃取咖啡；当完成萃取后，断开热源，下壶迅速降温而使下层压力降低，呈现近真空的态势，从而利用压力差，上壶以高压将萃取好的咖啡流向低压的下壶，并且利用上壶的过滤器来过滤掉咖啡滤渣。

虹吸式咖啡因其独特的制作过程，产生了极高的观赏价值，在精品咖啡时代，受到了众多咖啡爱好者的追捧。

二、影响虹吸式咖啡口感的因素

（1）滤纸　滤纸在虹吸式咖啡制作中起到重要的作用。它不仅可以过滤咖啡渣，还可以帮助维持压力平衡。滤纸的质地和厚度会影响咖啡的滴落速度和口感，较厚的滤纸可以使咖啡滴落速度减慢，提取更多的咖啡风味。

（2）研磨度选择　虹吸式咖啡制作适合中等至粗研磨度的咖啡粉。如果研磨得太细，可能会导致水流速度过慢，提取过度；如果研磨得太粗，可能会导致水流速度过快，提取不充分。应根据个人喜好和咖啡粉的种类来选择适当的研磨度。

（3）滴水速度　虹吸式咖啡制作中，可以通过控制滴水速度来调整咖啡的浸泡时间和提取程度。较慢的滴水速度可以增加浸泡时间，提取更多的咖啡风味；较快的滴水速度可以减少浸泡时间，得到清淡且口感较轻的咖啡。

（4）温度控制　虹吸式咖啡制作中，要保持水的温度在90～95℃之间。过热或过凉的水都会影响咖啡的味道和提取效果。使用热水壶或温度计来准确控制水温是推荐的做法。

知识卡片　虹吸效应和压力平衡

虹吸效应：虹吸效应是液体在管道中自然上升的现象。当液体在一端被抽出，管道内的空气被抽入，形成一个负压区域，从而使液体自然地流动。在虹吸咖啡制作中，通过创建虹吸效应，热水可以自然地流过咖啡粉，实现提取。

压力平衡：虹吸式咖啡制作需要建立一个压力平衡的环境。在咖啡壶的底部，有一个长而细的垂直管道，称为吸水管。当水从吸水管中流入咖啡粉中时，在吸水管内形成一个负压区域，水会被引导上升，通过平衡压力，咖啡会从咖啡粉中的滤纸中滴落。

任务介绍

通过对以上理论知识的学习，下面来尝试用虹吸式咖啡壶制作一杯虹吸式咖啡。在过程中要思考，如何控制加热温度、滴水速度等。

任务实施

一、准备工作

器具：虹吸式咖啡壶、自动定量式磨豆机、热水壶、咖啡杯、电子秤、计时器、勺子

材料：咖啡豆、纯净水（一人份咖啡冲泡需要20g咖啡豆和240mL纯净水）

虹吸式咖啡壶及部件图解

自动定量式磨豆机

热水壶

咖啡杯

电子秤

二、操作步骤

步骤一：安装滤布和滤纸

将虹吸式咖啡壶的两个玻璃容器拆开，并确保其干净无油脂物质。将过滤器放入上壶底部并卡在中央，注意同时使突沸链穿过玻璃珠连通管，并拉近突沸链。

步骤二：加水并加热下壶

本次冲泡粉水比例采用1:12，即20g咖啡粉和240mL纯净水。首先将240mL纯净水预先在烧水壶中煮沸，加热至90～95℃的温度，而后将其加入下壶，用干毛巾将下壶外壁擦拭干净，然后将下壶移至热源下（可以使用电磁炉、酒精炉或燃气灶），打开热源，加热壶体。

同时将上壶漏斗斜插入下壶烧瓶中，使突沸链位于下壶水中，便于观察下壶水的沸腾情况，防止其突沸。

步骤三：准备咖啡粉

称量适量的咖啡豆，并使用磨豆机将其磨碎成中粗度的粉末。

步骤四：安装上壶漏斗

注意观察下壶烧杯中的水，当其开始沸腾并持续出现1cm大小的水泡时，就可判断其达到冲煮沸腾度，可以将上壶漏斗扶正，将过滤器橡胶圈对准下壶烧杯口，并充分连接。

步骤五：加入咖啡粉开始萃取咖啡

注意观察，随着下壶烧杯中的水沸腾，下壶中的水通过压力差上升到上壶漏斗中。当大部分热水已经抵达上壶漏斗，将20g咖啡粉倒入其中。此时，使用小勺呈画圈式手法轻轻来回搅拌，搅拌5～10次，使咖啡粉溶于水中。

等待浸泡和持续加热萃取，大约需要50s。此时可以观察到上壶中从上至下呈现泡沫、粉末、咖啡清晰的分层状态。

步骤六：关火提取咖啡，完成萃取

关掉加热器开关，并将虹吸壶移离加热源。静待一段时间（大约1min），上壶漏斗中的咖啡液由于压力差开始流过过滤器，沿连通管流入下壶烧杯。当咖啡液全部进入下壶，即可将上壶拔出。

步骤七：倒出咖啡，开始品尝

小心地将虹吸式咖啡倒在预热好的咖啡杯中，避免破坏咖啡的层次感和口感。

等待咖啡稍微冷却后，就可以品尝虹吸式咖啡的风味和口感了。根据个人口味，可以加入适量的糖或奶制品调味。

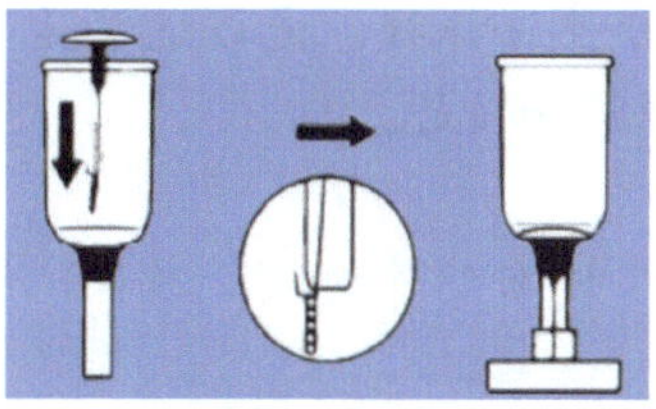
安装滤布和滤纸

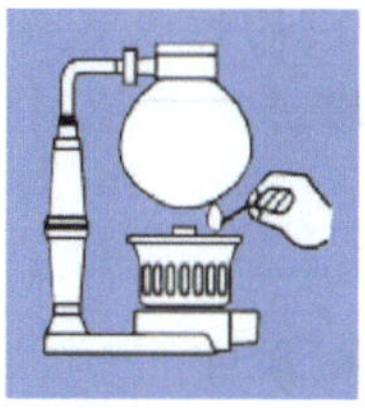
加水并加热下壶

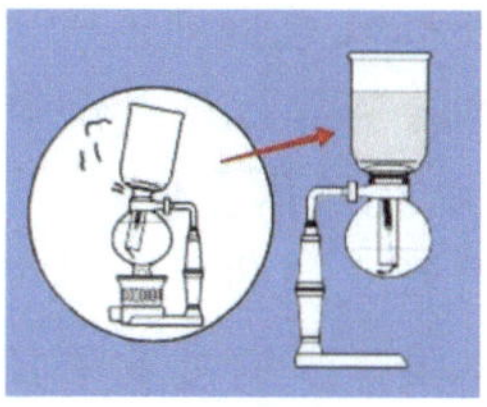
安装上壶

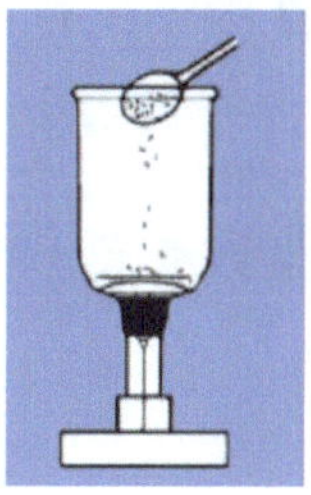
加入咖啡粉并搅拌

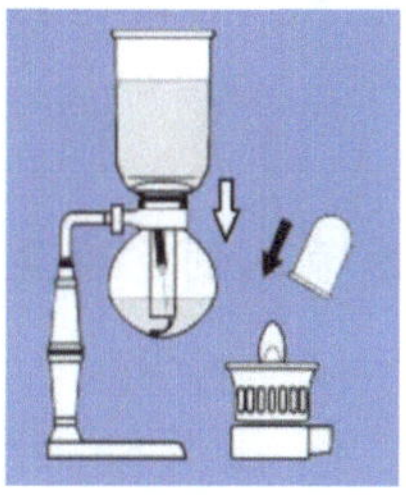
断开加热源

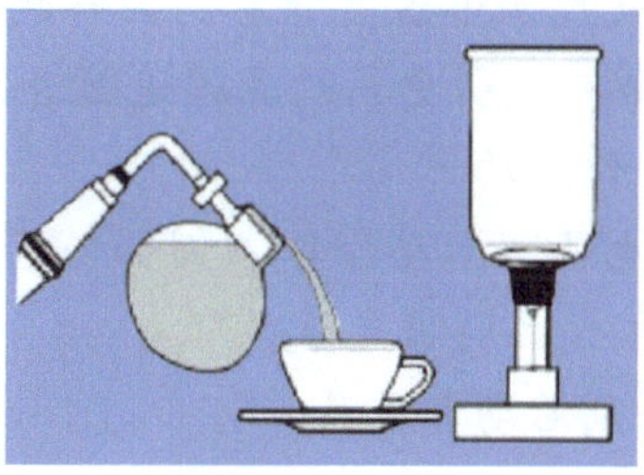
倒入咖啡杯

虹吸式咖啡的制作流程

注意事项

磨豆粗细度：磨豆的粗细度对咖啡的提取和口感有很大影响。虹吸式咖啡一般使用中粗度的咖啡粉，过细的粉末可能会导致提取过快，过粗的粉末则会提取不充分。

加热温度控制：加热虹吸式咖啡壶时，温度的控制非常重要。过高的温度会导致咖啡过度提取，口感苦涩，过低的温度则会导致咖啡提取不足，口感单薄。建议将水加热到90～95℃的范围。

咖啡粉的均匀性：在加入咖啡粉时，要确保其均匀和平整。不要出现堆积或空隙的情况，以免影响咖啡的提取效果。

虹吸效应触发：在触发虹吸效应时，要掌握好加热设备的火力和时间，以确保虹吸效果的产生。过大的火力或过长的加热时间会导致咖啡过度提取，影响口感。

学习评价

根据所学知识技能，进行任务实施，并开展师生评价。

评价项目	分数	学生自评（50%）	教师评分（50%）	总分
认识虹吸式咖啡壶的各个部件	10			
了解虹吸式咖啡壶的运作原理	10			
能够精确把控虹吸式咖啡制作的温度，使虹吸效应发生	20			
能够控制好虹吸式咖啡研磨度	20			
能够熟练完成虹吸式咖啡制作	20			
学习态度端正、遵守纪律	10			
能进行团队协作、相互沟通	10			
合　计	100			

拓展阅读 虹吸式咖啡大众化之路——创新营销

在推广虹吸式咖啡这样的特殊饮品时，创新的营销策略是至关重要的。以下是一些创新营销举措。

1. 体验式活动

举办虹吸式咖啡体验活动，如专门的虹吸式咖啡品尝会或烹饪课程。通过这些活动，让参与者亲自体验制作虹吸式咖啡的过程，增进对这种制作方式的理解和兴趣。

2. 社交媒体宣传

利用社交媒体平台展示虹吸式咖啡的独特性和精制过程。发布制作视频、教程、故事或用户分享的体验，吸引更多年轻人的关注和参与。

3. 品牌故事营销

以虹吸式咖啡器具背后的品牌故事作为宣传点。若该器具具有历史性或特殊制作工艺，这样的品牌故事将吸引更多的品牌追随者。

4. 合作活动

与其他品牌活动合作，例如与艺术展、音乐节或创意市集合作，提供虹吸式咖啡品尝区域或体验区，扩大品牌曝光度。

5. 特别活动和奖品

举办虹吸式咖啡制作比赛，鼓励咖啡师参与展示他们的制作技艺。同时，为消费者提供特别的优惠、礼品或促销，鼓励他们购买或尝试虹吸式咖啡。

6. 内容营销

创作有趣、新颖的内容，如博客文章、视频系列，讨论虹吸式咖啡的历史、制作技巧和不同地区的风味特点，吸引目标受众的关注。

讨论交流

虹吸式咖啡与一般手冲咖啡相比，你更加喜欢哪一种？为什么？

实训练习

1. 虹吸式咖啡的制作利用了（　　）原理。

A. 虹吸效应　　B. 水解反应　　C. 沉淀反应

2. 虹吸壶过滤器连接的链子名叫（　　）。

A. 过滤链　　B. 弹簧连　　C. 突沸链　　D. 咖啡导链

3. 虹吸式咖啡制作过程中，下壶中的水（　　）时可将上壶插入。

A. 开始起泡　　B. 开始沿导管上升

C. 持续出现1cm左右大小的水泡

4. 虹吸式咖啡制作的沸水温度应控制在（　　）℃。

A. 85～90　　B. 90～95　　C. 100

5. 将咖啡倒入咖啡杯前是否应该预热咖啡杯。（　　）

A. 是　　B. 不是　　C. 都可以

6. 虹吸式咖啡的概念是________________________________。

7. 虹吸壶的部件包括________________________________。

8. 虹吸式咖啡制作的咖啡研磨度是________________________。

任务四 爱乐压咖啡制作

任务目标

- 了解爱乐压咖啡的制作原理。
- 认识爱乐压咖啡壶的基本构造。
- 熟悉并掌握制作过程中影响爱乐压咖啡口感的因素。
- 熟练掌握利用爱乐压咖啡壶制作咖啡的技能。

理论知识

一、爱乐压咖啡的制作原理

爱乐压咖啡的制作原理主要基于真空压力萃取。制作过程中，首先将研磨好的咖啡粉放入咖啡壶中，然后加入适量的热水。随后，将安装好滤纸的过滤器部分放在咖啡壶上，并轻轻按压将其固定。接下来，通过向咖啡壶注入空气或者用手轻压咖啡壶，形成一定的压力。这一压力会将水和咖啡粉混合在一起，使咖啡中的可溶性物质与水充分接触，从而提取出咖啡的香气和味道。最后，通过按下咖啡壶下方的按钮或旋转咖啡壶，将咖啡滴入杯中。

二、爱乐压咖啡壶的基本构造

爱乐压咖啡壶由两个部分组成，上部是一个圆柱形容器，叫作压桶（又叫压杆）；下部也是一个圆柱形容器，名叫滤桶，即壶身；此外还包括过滤盖、滤纸桶、搅拌棒、滤网和过滤器等组件。咖啡粉和水会被放入上部的容器中，而下部的容器则用来收集滴下来的咖啡。爱乐压咖啡壶的特点是可以拆卸和组装，便于清洁和携带。滤纸则用于过滤咖啡渣，确保咖啡口感清爽。爱乐压咖啡壶的基本构造见图5-1。

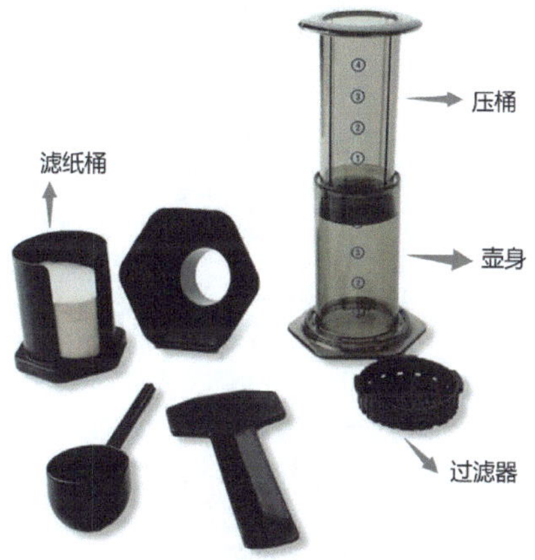

图5-1 爱乐压咖啡壶的基本构造

三、影响爱乐压咖啡口感的因素

（1）研磨度 爱乐压咖啡的研磨度应该是中等粗细程度，类似于粗砂糖的粒度。研磨度的选择与冲泡时间和滤纸的过滤效果有关。如果研磨度太细，会导致冲泡时间过长，咖啡太浓；如果研磨度太粗，会导致冲泡时间过短，咖啡口感较弱。

（2）冲泡比例 冲泡比例是指咖啡粉和水的比例。通常推荐的冲泡比例是使用15～18g的咖啡粉配以200～250mL的水。这个比例可以根据个人口味和咖啡的浓度需求进行调整。

（3）水温 水温对咖啡的冲泡过程和口感都有影响。一般来说，水温应该在85～95℃之间。如果水温过低，咖啡无法充分提取，口感会较淡；如果水温过高，会导致咖啡中的苦味和酸味增加。最好使用热水壶来预热咖啡壶和杯子，以保持咖啡的温度稳定。

知识卡片 爱乐压咖啡冲泡之正压法和反压法

爱乐压作为一种常见的手冲咖啡器具，它具有正压法和反压法两种冲泡方法。

正压法即将爱乐压壶正置于分享壶上，加入咖啡粉、注水，压力萃取得到咖啡液。但是正压法有一个缺点，就是会出现“跑水”现象，在加压萃取前的注水阶段，水就流走了。

反压法即将爱乐压壶倒置，加入咖啡粉、注水、搅拌、装过滤器，快速倒置于分享壶上压力萃取。反压法就很好地解决了正压法的“跑水现象”。

任务介绍

学习了爱乐压咖啡制作的相关理论知识后，使用爱乐压咖啡壶制作一杯手冲咖啡。本次任务采取反压法萃取，注意把控爱乐压咖啡壶的冲泡温度、时间等。

任务实施

一、准备工作

器具：爱乐压咖啡壶、自动定量式磨豆机、计时器、滤纸、热水壶、咖啡杯

材料：18g咖啡粉、200～250mL纯净水

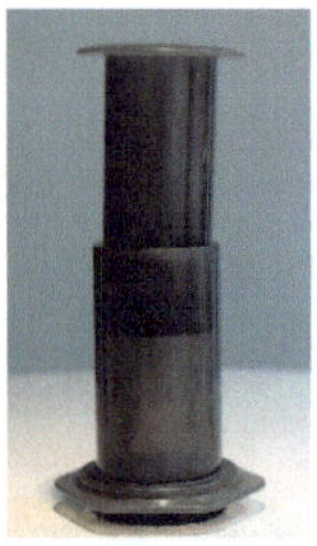

爱乐压咖啡壶

自动定量式磨豆机

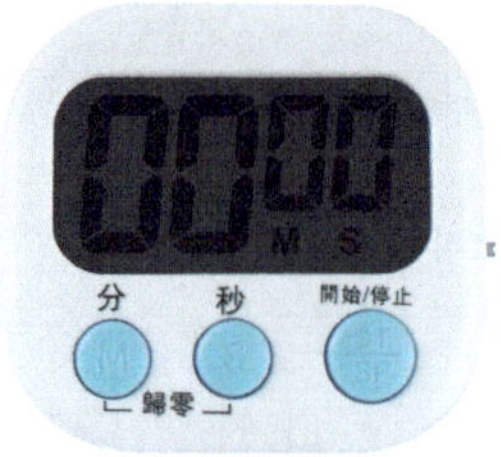

计时器

滤纸

热水壶

咖啡杯

二、操作步骤

步骤一：研磨咖啡豆

根据任务冲泡比例，称量大约18g的咖啡豆，按项目三中任务二所学咖啡豆的研磨知识，利用咖啡磨豆机将其研磨成咖啡粉，研磨度为中等粗细程度，类似于粗砂糖的粒度。研磨度的选择可以根据个人口味和所需咖啡的浓度进行调整。

步骤二：加入咖啡粉

首先将爱乐压咖啡壶倒转放置，使压桶位于下部；而后将18g已经研磨好的咖啡粉倒入此时位于上部的滤筒，并轻轻拍打桶身使咖啡粉呈平整状态。

步骤三：开始萃取

将预先烧热至85℃左右的纯净水倒入上部滤桶中，注意倒入时将水壶口置于上部滤桶的中心上方离滤桶口3～4cm的位置，倒入50mL左右的热水，进行预蒸咖啡粉。

等待30s，预蒸咖啡粉完毕。然后用搅拌棒搅拌滤桶中的咖啡粉和热水，使水粉充分相融。注意以打圈的手法搅拌3次左右即可。

接下来以同样的加水方式，继续将剩余热水加入滤桶中，累计加入180mL左右的水即可。

步骤四：过滤咖啡

将爱乐压专用滤纸放在过滤器部分的滤网上，然后浸泡滤纸，这样可以去除滤纸的味道，并使其更好地贴合在滤网上（此步骤可优先在第一步完成）。接着将过滤器安装在滤桶桶口，并扣紧使其有效连接。

压力萃取，过滤咖啡。先用热水将咖啡杯预热，这样可以保持咖啡的温度稳定。将爱乐压咖啡壶翻转过来，放置于咖啡杯口，注意该动作一定要快、准，不要让咖啡洒出来，并且注意调整壶身，不要让其倾斜。再通过按下咖啡壶下方的按钮或旋转咖啡壶打开过滤阀。而后用一只手平握住此时处于上部的压桶，再用另一只手按压，使咖啡液在高压力的态势下流过过滤网，滴入咖啡杯。压力的大小可以根据个人喜好进行调整。大约30s，完成咖啡萃取。并将爱乐压咖啡壶移离咖啡杯。

步骤五：品尝咖啡

可以根据个人口味将咖啡稀释或加入牛奶等。

加入咖啡粉

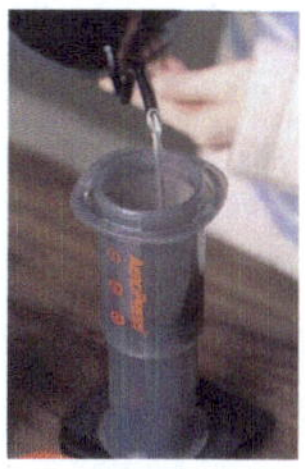

注水预蒸咖啡粉

搅拌

安装滤纸

浸泡滤纸

安装过滤器

压力萃取

爱乐压咖啡壶萃取咖啡流程

注意事项

压力的控制：在萃取咖啡的过程中，保持稳定的压力。可以根据个人口味和咖啡的特性来调整压力的大小。

清洁和保养：使用完毕后，及时清洗咖啡壶和过滤器，以保持下次使用的卫生和咖啡的口感。定期进行咖啡壶和过滤器的彻底清洁和保养。

学习评价

根据所学知识技能，进行任务实施，并开展师生评价。

评价项目	分数	学生自评（50%）	教师评分（50%）	总分
了解爱乐压咖啡的制作原理	10			
掌握爱乐压咖啡壶的构造	10			
能够精确把控影响爱乐压咖啡制作口感的相关因素	20			
能够按顺序完成爱乐压咖啡的萃取	20			
能够熟练用爱乐压咖啡壶萃取出咖啡	20			
学习态度端正、遵守纪律	10			
能进行团队协作、相互沟通	10			
合　计	100			

拓展阅读　爱乐压咖啡壶的受众对象

咖啡爱好者和专业人士是最主要的受众群体之一。爱乐压咖啡壶作为一种手冲咖啡的工具，吸引了那些对咖啡品质和独特口感有高度追求的人群。这些人可能是专业的咖啡师、追求精品咖啡的咖啡烘焙师，或是咖啡品鉴师，他们希望通过压力萃取出的咖啡具有更为丰富的风味。

讨论交流

讨论1：爱乐压咖啡壶萃取出的咖啡有何特点？

讨论2：爱乐压咖啡壶是否有存在的必要？

实训练习

1. 爱乐压咖啡壶的萃取原理是（　　）。
   A. 密度差　B. 真空压力　C. 浮力原理　D. 摩擦力原理
2. 下列说法正确的是（　　）。
   A. 爱乐压咖啡冲煮加水可以一次性加入
   B. 爱乐压咖啡冲煮加水需要分两次加入
   C. 爱乐压咖啡冲煮加水需要分三次加入
3. 倒入咖啡液前是否需要提前预热咖啡杯。（　　）
   A. 需要　B. 不需要　C. 都可以
4. 下列选项中不是安装过滤器时用热水打湿滤纸的目的的是（　　）。
   A. 除去滤纸的味道　B. 增加滤纸的含水性
   C. 使滤纸更好地贴合在过滤器上
5. 影响爱乐压咖啡制作口感的因素有______________________________。
6. 爱乐压咖啡壶的主要部件包括______________________________。

任务五 冰萃咖啡制作

任务目标

- 了解并熟知冰萃咖啡的制作方法。
- 掌握影响冰萃咖啡口感的因素。
- 熟练掌握冰萃咖啡的制作技能。

理论知识

一、认识冰萃咖啡

冰萃咖啡的概念最早可以追溯到16世纪，当时人们发现将咖啡粉浸泡在冷水中会产生一种特殊的咖啡味道。然而，直到近年来冰萃咖啡才开始流行起来，成为一种备受喜爱的咖啡制作方法。与传统的热咖啡相比，它以冷却的方式制作，并且通常在饮用时加入冰块。冰萃咖啡是一种将咖啡的风味和咖啡因提取到冷水中，然后通过冷却和稀释来创造一种清凉、口感舒适的咖啡饮品。

二、冰萃咖啡的制作方法

冰萃咖啡的制作可以使用不同的方法，按制作手法的不同可以分为两种：冷冲泡式冰萃咖啡和冰块快速冷却式冰萃咖啡。

冷冲泡式冰萃咖啡是将咖啡粉或咖啡包浸泡在冷水中，提取速度极慢，通常需要较长时间，约12～24h。在这个过程中，冷水会慢慢渗透进咖啡粉末，将咖啡的香气、酸度和苦味提取出来，形成一种浓郁而柔和的咖啡液。这种方法可以提取出咖啡的柔和口感和较低的酸度。但该方法过于耗时，使用场景较少，一般是少数咖啡热衷者的选择。另一种冰块快速冷却式制作冰萃咖啡的方法是使用热冲泡，用热水冲泡咖啡粉后，再迅速冷却。这种方法可以保留咖啡的浓郁风味和复杂度，同时通过冷却来降低咖啡的温度。该方法为咖啡爱好者普遍使用的方法。

三、影响冰萃咖啡口感的因素

（1）咖啡粉的研磨度　咖啡粉的研磨度会影响冰萃过程中咖啡的味道和口感。一般来说，较粗的咖啡粉可以提供更清爽、清淡的口感，而较细的咖啡粉则会产生更浓郁、饱满的口感。根据个人的口味和喜好，可以选择适合的咖啡粉研磨度。

（2）冰萃时间　使用冷泡法制作冰萃咖啡时，冰萃时间对咖啡口感影响较大。冰萃时间是指咖啡与水接触的时间。通常，冰萃咖啡需要在冷水中浸泡12～24h。较长的时间可以提取更多的咖啡风味，产生更浓郁的口感，而较短的时间则会产生较为清淡的口感。可以根据个人口味和喜好调整冰萃时间。

（3）冲泡比例　冰萃咖啡的咖啡粉和水的比例也是制作的重要参数。一般来说冰萃咖啡由于后续会加入冰块，会对咖啡进行一定的稀释。所以在萃取的时候可以选择较浓的粉水比，即1∶10至1∶15，外加适量的冰块。例如制作一人份冰萃咖啡，选择20g的咖啡粉、240mL的水和外加130g的冰块。其比例可以根据个人口味和喜好进行微调，可以适度调整咖啡粉和水的比例，以制作出符合个人口感的冰萃咖啡。增加咖啡粉的比例可以提供更浓郁的口感，而增加水的比例可以提供较为清淡的口感。

（4）咖啡水质　咖啡水质对于冰萃咖啡的味道和口感也有一定影响。优质的水质可以提供更纯净、清爽的口感，推荐使用过滤水或纯净水。

（5）冰萃设备　选择适合的冷萃设备也是制作冰萃咖啡的关键。冰萃设备包括冷萃壶、冷萃器和冷滴器等。但冰萃咖啡制作一般使用常见手冲壶萃取热咖啡，再加冰块二次萃取冰萃咖啡。

知识卡片 冰萃咖啡的风味

冰萃咖啡的特点之一是清凉爽口。冷却过程会使咖啡中的苦味、酸度和甜味更加平衡，同时减少咖啡中的油脂含量。这使得冰萃咖啡口感更为清爽，并且更容易入口。

冰萃咖啡也可以根据个人口味进行调整和创新。例如，可以加入糖浆、牛奶、咖啡冰淇淋或其他调味品来增加甜度、奶香或口感的变化。冰萃咖啡也可以用作制作其他冷饮，如冰萃咖啡冰淇淋、冰沙、咖啡奶昔等。

冰萃咖啡在炎热季节尤其受欢迎，因为它可以提供一种凉爽的咖啡体验，成为人们在夏季休闲、社交或工作时的选择之一。冰萃咖啡也逐渐成为咖啡店和咖啡品牌的主打产品之一，提供各种各样的口味和创意饮品来满足消费者的需求。

任务介绍

学习了冰萃咖啡制作的相关理论知识后，下面使用冰块快速冷却的方法，选择卡丽塔滤杯来制作一份一人量的冰萃咖啡。

任务实施

一、准备工作

器具：卡丽塔式滤杯、梯形滤纸、计时器、咖啡杯、滤壶、磨豆机

材料：20g咖啡粉、130g冰块、240mL纯净水

卡丽塔式滤杯

梯形滤纸

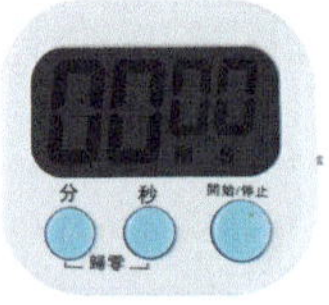

计时器

咖啡杯

滤壶

磨豆机

咖啡粉

冰块

纯净水

二、操作步骤

步骤一：准备咖啡粉

按照项目三中所学手摇式咖啡磨豆机的使用方法，提前准备好中度偏细的咖啡粉20g。

步骤二：热萃咖啡

首先将100g冰块加入咖啡壶中，目的是通过提前放入冰块的方式，让冰块在冲泡过程中逐渐融化，使热咖啡液迅速冷却并与热萃滴下的咖啡液一起慢慢浸泡，实现冰萃咖啡的制作。

接下来按照本项目任务二所学手冲咖啡的制作技能，萃取咖啡。按“安装滤杯→倒入咖啡粉→第一次倒入热水→蒸咖啡粉使其膨胀→第二次倒入热水→咖啡粉面上泡沫消失后，第三次倒入热水→卸滤杯”的顺序萃取热咖啡。注意本次萃取咖啡的粉水比为1∶12，即20g咖啡粉和240mL的纯净水，萃取较浓的咖啡液。

步骤三：倒入咖啡杯

完成热萃咖啡后注意观察，待咖啡壶中的冰块融化完全，咖啡液呈冰凉状态，即可将萃取好的热咖啡液倒入咖啡杯中。此步骤可提前放入10g左右的冰块到咖啡杯中，以此来增加冰萃咖啡的冰爽风味。

步骤四：品尝咖啡

即刻享用冰爽可口的冰萃咖啡，也可以根据个人口味偏好，适当添加冰块和白砂糖来增强咖啡的甜味。

注意事项

选择合适的咖啡豆：冰萃咖啡选择深度烘焙的单品咖啡豆，因为它们通常具有更强的酸度和苦味，能够防止加冰过程冲淡咖啡，更适合冰萃制作。

存储和保鲜：冰萃咖啡可以在冷藏环境中保存一段时间，但最好在3至4天内饮用完毕以保持其新鲜和口感。使用密封容器将其保存在冰箱中可以延长其保鲜期。避免将冰萃咖啡暴露在空气中，以防止氧化和失去风味。

调整比例和口味：根据个人口味调整咖啡与水的比例，不同的比例可以产生不同的浓度和口感。可以根据个人喜好添加冰块、牛奶、糖浆或其他调味品来调整冰萃咖啡的口味。

学习评价

根据所学知识技能，进行任务实施，并开展师生评价。

评价项目	分数	学生自评（50%）	教师评分（50%）	总分
了解冰萃咖啡的制作方法	10			
了解影响冰萃咖啡口感的因素	10			
能够按要求准备好合适研磨度的咖啡粉	25			
能够熟练按步骤萃取冰萃咖啡	35			
学习态度端正、遵守纪律	10			
能进行团队协作、相互沟通	10			
合　计	100			

拓展阅读 冰萃咖啡的市场定位

冰萃咖啡在咖啡市场中的定位主要侧重于以下几个方面。

1. **季节性产品与流行趋势**

冰萃咖啡通常是夏季或温暖季节的热门选择，因其清凉、爽口的特点，适合炎热天气中消费者的口感需求。这使得冰萃咖啡在季节性需求高的时段具有一定的市场优势。

2. **多元化产品组合**

冰萃咖啡以其多样化的制作方式和口味选择，能够满足消费者不同的口味偏好。从冰滴咖啡到冷泡咖啡，甚至冰镇浓缩咖啡，每种制作方式都能创造出独特的口感和风味。

3. **年轻消费者和新鲜体验**

冰萃咖啡往往更吸引年轻消费者，他们对于新奇、时尚和多样性的追求更为强烈。针对这一群体，冰萃咖啡代表了一种新鲜、独特的咖啡体验，与其追求的生活方式相契合。

4. **饮品创新与营销策略**

咖啡品牌为了吸引更多消费者，经常采用创新的营销策略，例如推出限时促销、特别口味、与明星合作或推出定制化的冰萃咖啡系列。

讨论交流

冰萃咖啡是否符合我国消费者的饮食习惯？

实训练习

1. 下列属于冰萃咖啡口感的是（　　）。

A. 清爽可口　　B. 极苦难咽　　C. 入口偏咸

2. 冰萃咖啡常见的粉水比是（　　）。

A. 1:2　　B. 1:12　　C. 1:30

任务六　D特压咖啡制作

D特压咖啡制作

任务目标

- 了解D特压咖啡壶的特点。
- 认识并熟记D特压咖啡壶的部件组成。
- 掌握D特压咖啡制作的技能。

理论知识

一、认识D特压咖啡壶

D特压咖啡壶（Delter Coffee Press），是一款新型咖啡冲煮器具（见图5-2），于2018年面世。它的外观跟爱乐压咖啡壶相似，均是圆形

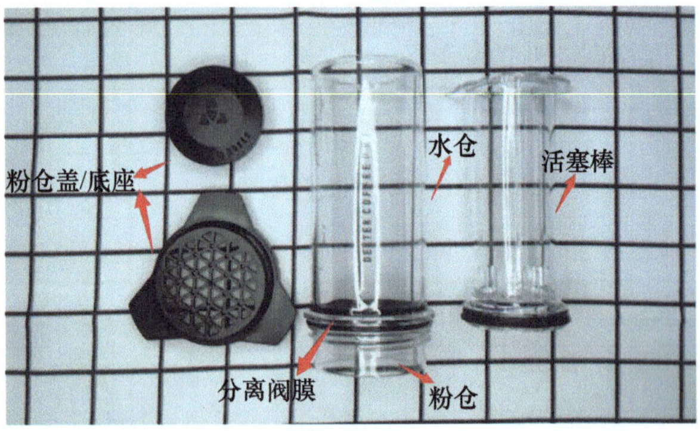

图5-2　D特压咖啡壶的构成

的注水仓。D特压咖啡壶冲煮咖啡的方式是注射式的，通过保持咖啡粉和水的分离，来萃取更干净、更少苦感的咖啡。

二、D特压咖啡壶和爱乐压咖啡壶的异同

D特压咖啡壶和爱乐压咖啡壶是两种不同的咖啡冲泡设备，它们在设计和使用上有一些不同之处（见图5-3），具体表现在设计结构、冲泡方式、使用便捷性、咖啡口感、价格和市场等方面。

设计结构上，D特压咖啡壶采用了一个简单的滴漏系统，通过漏斗将水滴入咖啡粉，然后通过加压来提取咖啡。而爱乐压咖啡壶则采用了一个倒置式的设计，将热水和咖啡粉加入一个密封的容器中，然后通过气压提取咖啡。

冲泡方式上，D特压咖啡壶通过加压来提取咖啡，可以调节滴落的速度和时间，从而控制咖啡的浓度和口感（见图5-4）。而爱乐压咖啡壶则是通过向容器注入热水和咖啡粉，然后通过气压来提取咖啡，可以产生更浓郁的咖啡。这也是二者最大的区别，D特压咖啡壶弥补了爱乐压粉水过度接触而发生过度萃取的情况。

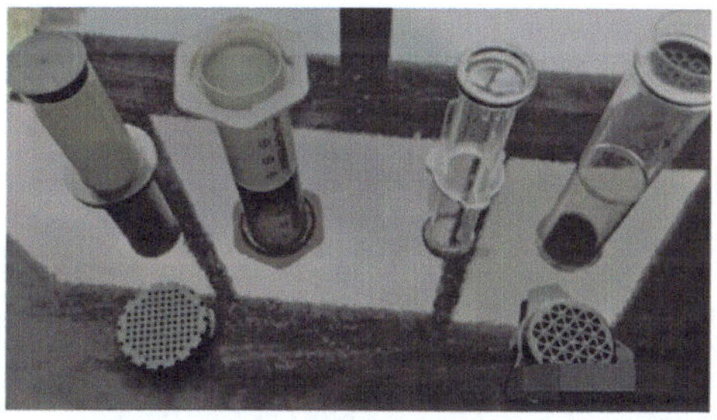

图5-3　D特压（右）和爱乐压（左）咖啡壶对比

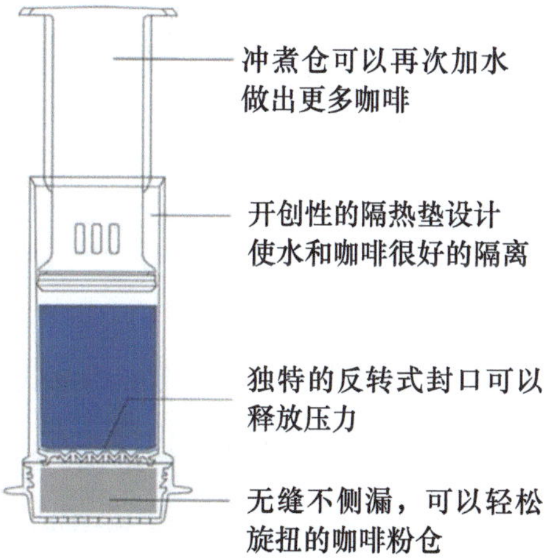

图5-4　D特压咖啡壶的工作原理

使用便捷性上，D特压咖啡壶相对小巧轻便，便于携带和使用，适合旅行或户外使用。而爱乐压咖啡壶相对较大，需要用到气压来提取咖啡，使用起来相对麻烦一些。

咖啡口感上，D特压咖啡壶制作的咖啡相对轻盈、口感清爽，适合喜欢清淡口味的人群。而爱乐压咖啡壶制作的咖啡更浓郁、口感更醇厚，适合喜欢浓烈口味的人群。

价格和市场上，D特压咖啡壶相对较为普及，价格相对较低，适合大众消费。而爱乐压咖啡壶作为一种高端咖啡的冲泡设备，价格较高，适合追求精品咖啡体验的咖啡爱好者。

三、影响D特压咖啡口感的因素

（1）咖啡豆的选择　咖啡豆的品质和种类直接影响咖啡的口感。选择高品质的咖啡豆，并根据个人口味选择适合自己的咖啡豆品种，是制作出口感丰富的D特压咖啡的基础。

（2）研磨度　咖啡的研磨度是指咖啡粉的颗粒大小。研磨度的选择会影响咖啡的萃取速度和口感。对于D特压咖啡而言，一般选择中粗度的研磨度，可以保证水能够充分渗透咖啡粉床，使咖啡豆中的油脂和香气得到较好的释放。

（3）萃取时间　萃取时间指的是水与咖啡粉接触的时间。萃取时间的长短会影响咖啡的浓度和风味。通常，D特压咖啡的萃取时间为25～30s。如果萃取时间过长，咖啡可能会过度提取，产生苦味；如果萃取时间过短，咖啡可能会提取不充分，口感较淡。

（4）水温　水温是制作D特压咖啡时需要注意的重要因素。一般而言，水温应该控制在90～95℃之间，这个温度范围可以确保咖啡的充分提取，同时可以避免温度过高带来的苦味。

（5）压力和推压力度　D特压咖啡器具中的压力和推压力度对于咖啡的口感也有很大的影响。适当的压力和推压力度可以控制咖啡流速和均匀度，从而影响咖啡的浓度、酸度和口感。

知识卡片　D特压咖啡的咖啡因含量与酸度

D特压咖啡的咖啡因含量因咖啡豆的种类和冲泡方法的不同而有所变化。一般来说，D特压咖啡的咖啡因含量比浓缩咖啡低，但比滴滤咖啡高。D特压咖啡通常具有一定的酸度，这是由咖啡豆的种类和烘焙程度决定的。酸度可以为咖啡带来清新的口感和明亮的果味。

任务介绍

学习了以上D特压咖啡的相关知识后，运用D特压咖啡壶，任意选择一款单品咖啡豆，萃取一份一人量的D特压咖啡。

任务实施

一、准备工作

器具：D特压咖啡壶、磨豆机、滤纸、计时器、咖啡杯、热水壶

材料：20g咖啡粉、240mL纯净水

D特压咖啡壶

磨豆机

滤纸

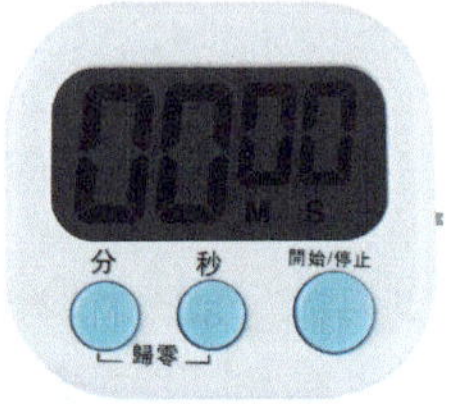

计时器

咖啡杯

热水壶

咖啡粉

纯净水

二、操作步骤

步骤一：研磨咖啡粉

根据项目三所学手摇式咖啡磨豆机的使用方法，选择20g优质的咖啡豆，将其研磨成适合

制作D特压咖啡的粗细程度。通常，D特压咖啡需要中等至粗研磨度的咖啡粉。

步骤二：加入咖啡粉

打开D特压咖啡机，取下底座上的粉仓盖，装上滤纸并用热水浸泡（浸泡后的热水倒掉），将研磨好的咖啡粉倒入粉仓中，而后盖紧粉仓盖，并确保密封良好。

步骤三：安装萃取器具

将D特压咖啡萃取器安装至咖啡壶上，尽量使其垂直于地面，不要倾斜，方便后续按压萃取咖啡。

步骤四：加入热水

准备好热水，水温在90～95℃之间。将热水倒入D特压咖啡机的水仓中，确保水位不超过最大标记线。最后盖上盖子，防止水蒸气烫手。

步骤五：分段式给水萃取

在D特压咖啡机上找到控制水流的活塞棒，按照给水的顺序和水量进行操作。

第一次给水：将活塞棒上拉到第一阶段50mL刻度的位置，然后轻轻往下压至归零位置，大约50mL的水会进入粉仓。等待20～30s，让咖啡粉充分浸泡和释放香气。

第二次给水：将活塞棒上拉到第二阶段70mL刻度的位置，然后轻轻往下压至归零位置，大约70mL的水会进入粉仓。继续等待一段时间，让咖啡粉充分浸泡。

第三次给水：将活塞棒移动到第三阶段100mL刻度的位置，然后轻轻往下压至归零位置，大约100mL的水会进入粉仓。再次等待一段时间，让咖啡粉充分浸泡。

第四次给水：此时，咖啡粉已经浸泡了三次，剩余的水可以根据个人口味和咖啡机的要求进行控制。可以将活塞棒上拉到合适的位置，然后轻轻往下压至归零位置，让剩余的水进入粉仓，继续浸泡一段时间。

步骤六：品尝咖啡

此时，咖啡已经萃取完成，即可将咖啡壶里的咖啡倒入咖啡杯中，享用咖啡。

安装滤纸并浸泡

加入咖啡粉并拍打平整

加水浸润、咖啡粉预蒸

拧紧粉仓盖

注水入水仓

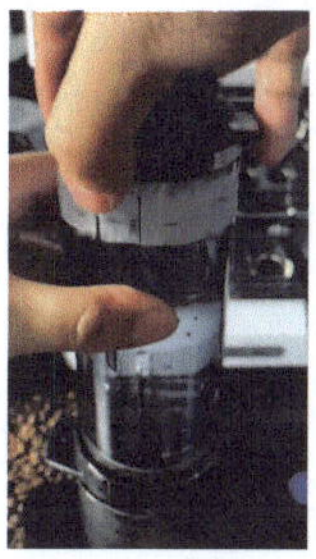

上拉活塞棒

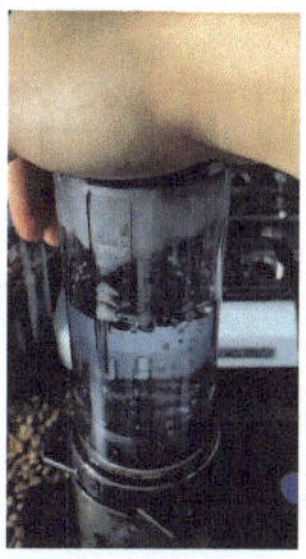

下压活塞棒

注意事项

D特压咖啡的压力是由活塞棒对水进行压力控制实现的。根据个人口味调整控制的力度，较轻的按压可以获得较为清淡的咖啡，较重的按压则会提供更浓烈的咖啡。这也是使用该器具的乐趣所在。

学习评价

根据所学知识技能，进行任务实施，并开展师生评价。

评价项目	分数	学生自评（50%）	教师评分（50%）	总分
了解D特压咖啡壶的构造	10			
掌握影响D特压咖啡口感的因素	10			
能够精确研磨适合D特压咖啡器具的咖啡粉	20			
能够熟练安装D特压咖啡器具	20			
能够按步骤完成D特压咖啡的萃取	20			
学习态度端正、遵守纪律	10			
能进行团队协作、相互沟通	10			
合　　计	100			

实训练习

1. D特压咖啡机是一种（　　）。

   A. 滴漏式咖啡机　B. 压力式咖啡机　C. 滤泡式咖啡机　D. 法式压滤壶

2. D特压咖啡的萃取过程采用了分段式给水的方法，这种方法的目的是（　　）。

   A. 增加咖啡的酸度　B. 提高咖啡的苦味

   C. 增加咖啡的浓度　D. 增加咖啡的风味层次

3. D特压咖啡的萃取步骤中，给水的次数是（　　）次。

   A. 1　B. 2　C. 3　D. 4

4. 在D特压咖啡的分段式给水中，第一次给水的水量约为（　　）。

   A. 30mL　B. 50mL　C. 70mL　D. 100mL

5. D特压咖啡的萃取温度一般在（　　）。

   A. 70～80℃　B. 80～90℃　C. 90～95℃　D. 95～100℃

6. D特压咖啡的压力是通过（　　）控制的。

   A. 活塞棒　B. 滤网　C. 水仓　D. 粉仓

7. 在D特压咖啡中，适当调整压力控制的力度可以影响（　　）。

   A. 咖啡的酸度　B. 咖啡的苦味　C. 咖啡的浓度　D. 咖啡的甜味

8. D特压咖啡的萃取时间一般为（　　）s。

   A. 10～15　B. 15～20　C. 20～25　D. 25～30

9. D特压咖啡的萃取时间过长可能会导致（　　）。

   A. 咖啡过度萃取　B. 咖啡口感不足　C. 咖啡酸度不足　D. 咖啡苦味不足

10. 除了按照萃取的要求操作外，D特压咖啡机还需要做（　　）来保持性能和品质。

    A. 定期清洁和维护　B. 更换滤网和活塞棒

    C. 调整研磨度和用量　D. 更换咖啡豆的种类

任务七　摩卡壶咖啡制作

任务目标

- 了解摩卡壶的构成。
- 了解影响摩卡壶咖啡口感的因素。
- 掌握摩卡咖啡的制作技能。

摩卡壶咖啡制作

理论知识

一、摩卡壶的构成

摩卡壶的构成主要包括下壶烧瓶、粉槽和上壶杯子三部分（见图5-5）。

图5-5　摩卡壶的构成

下壶烧瓶是摩卡壶的底部部件，用于装水。它通常具有一个提供给水箱的开口，可以通过这个开口将水注入下壶。下壶内部的水在加热过程中产生蒸汽，通过压力推动热水上升到粉槽。粉槽是摩卡壶的中间部件，用于放置咖啡粉。粉槽通常是一个金属篮子或过滤器，具有细小的孔和网格，能够过滤咖啡渣。将咖啡粉填充到粉槽中，并轻轻压实，确保咖啡粉均匀分布。在加热过程中，热水通过粉槽的孔洞和网格，与咖啡粉接触，提取咖啡的味道和香气。上壶杯子位于摩卡壶的顶部，用于收集和存放萃取好的咖啡液。上壶内部具有一个出口，通过这个出口，咖啡液从粉槽流入上壶。上壶通常带有一个盖子或嘴部，用于控制咖啡的倒入和倒出。可以通过上壶的盖子或嘴部将咖啡倒入杯子或容器中。

上述三个部件是摩卡壶的核心部件，它们相互配合，通过加热和压力的作用，实现了将水从下壶上升到粉槽，并最终流入上壶的过程。摩卡壶的设计简单实用，操作方便，可以在家中轻松制作出浓郁的意式咖啡。

二、影响摩卡壶咖啡口感的因素

（1）咖啡粉的选择　选择合适的咖啡粉对口感有很大影响。通常，使用细研磨的意式咖啡粉，可以获得更浓郁的口感和丰富的咖啡油。

（2）水温控制　摩卡壶在制作咖啡时需要加热水，水温的控制也会影响口感。一般来说，水温过高会导致苦涩味，而水温过低则可能导致口感稀薄。适宜的水温范围为90～95℃。

（3）压力控制　摩卡壶是通过加热和压力来制作咖啡的，适当的压力可以提取咖啡的香气和味道。在使用摩卡壶时，保持适当的加热和压力，可以获得丰富的咖啡浓度和口感。

（4）使用方法　使用摩卡壶的方法也会影响咖啡口感。例如，加热时间过长或过短、咖啡粉的填充和压实不均匀等，都可能影响口感的质量。

在制作过程中，细心掌握这些因素，可以调整和优化口感，使得摩卡壶制作出的咖啡更加美味。

知识卡片　摩卡壶的工作原理

摩卡壶是一款经典的咖啡萃取器具，利用蒸汽的压力作用来萃取咖啡。摩卡壶分为上中下三部分，通过加热下壶中的水，使其变为蒸汽上升至粉槽萃取咖啡，继而再通过蒸馏导管送至上壶。

任务介绍

学习了以上有关摩卡壶咖啡相关的理论知识后，使用摩卡壶，任意选择一款单品咖啡豆，萃取一杯摩卡壶咖啡。

任务实施

一、准备工作

器具：摩卡壶、磨卡壶加热器（电磁炉）、磨豆机、计时器、咖啡杯、热水壶、滤纸

材料：20g咖啡粉、300mL纯净水

摩卡壶咖啡萃取器

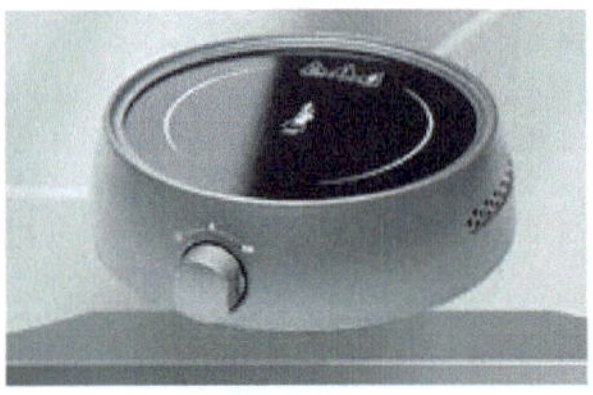

电磁炉

磨豆机

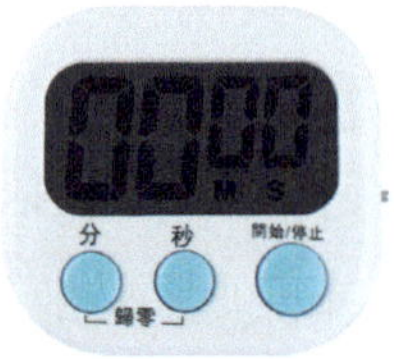

计时器

咖啡杯

热水壶

咖啡粉

纯净水

二、操作步骤

步骤一：研磨咖啡粉

根据项目三所学手摇式咖啡磨豆机的使用技能，选择20g优质的咖啡豆，将其研磨成适合摩卡壶咖啡制作的粗细程度。通常，意式咖啡粉适合摩卡壶，研磨程度要稍微细一些，类似于中等细砂糖的粗细。

步骤二：拆分咖啡壶

将摩卡壶下壶烧瓶、粉槽和上壶杯子拆解为三部分，方便后续加入咖啡粉和纯净水。

步骤三：倒入纯净水

使用量杯量取约300mL的纯净水，加入下壶烧瓶中，注意观察烧瓶内部安全水线，不要超过该安全水线（可采取咖啡称定量注水），并安装滤网。

步骤四：加入咖啡粉

将预先研磨好的咖啡粉加入粉槽，并用勺子轻轻抹平咖啡粉，使其保持平整。注意不要用

力按压，要保持咖啡粉的蓬松，更易于萃取。而后将粉槽轻轻装嵌于烧杯上部。

步骤五：安装上壶杯子

先将打湿的滤纸安装至上壶底部，而后将上壶杯子分别安装在摩卡壶的下壶烧瓶和粉槽上，并拧紧确保上壶与下壶的接触密封良好。

步骤六：开火萃取

将已组装好的摩卡壶放在电磁炉上，选择中等火力，加热下壶烧杯。随着加热，水在下壶中加热产生蒸汽，蒸汽通过压力将热水推至粉槽中与咖啡粉接触，开始萃取咖啡。咖啡液从粉槽流入上壶，同时上壶上方的压力阀会释放一些蒸汽，以维持合适的压力。

萃取过程中注意观察上壶中的咖啡液，当液面接近上壶的顶部时，即可关闭电磁炉，完成萃取。

步骤七：品尝咖啡

等待几秒钟，待观察到上壶杯子中咖啡液停止流动，然后小心地将上壶从摩卡壶上取下，倒入咖啡杯中开始享用。注意不要碰到热的金属部件。

定量注水

安装滤网

加入咖啡粉

安装滤纸

安装上壶杯子

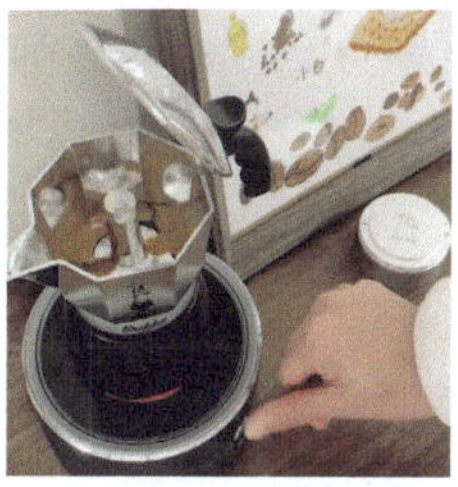
开火萃取

注意事项

安全水线控制。摩卡壶上壶部分通常有一条标记线，称为安全水线。在加水时，确保水位不超过安全水线，以避免水溢出。

上壶杯子沸腾情况观察。加热摩卡壶时，要密切观察上壶中的杯子（也称为集气阀），当上壶中的杯子开始冒出咖啡泡沫并发出轻微的响声时，表明水已经沸腾，这时需要适时将火力调小或关火，避免烧焦咖啡。

注意防止烫伤。摩卡壶在制作过程中会变得非常热，因此需要小心防止烫伤。在将上壶杯子中的咖啡倒入咖啡杯时，最好使用厨房手套或抹布来握住摩卡壶的把手，以免烫伤手部。

火力控制。在加热摩卡壶时，火力控制非常重要。如果火太大，水会过快沸腾，导致咖啡煮得过热和苦涩。相反，如果火力太小，水可能无法充分沸腾，导致咖啡口感较弱。适当调整火力，使水在适当的时间内沸腾。

学习评价

根据所学知识技能，进行任务实施，并开展师生评价。

评价项目	分数	学生自评（50%）	教师评分（50%）	总分
了解摩卡壶的构成	10			
掌握各种影响摩卡壶咖啡口感的因素	10			
能够熟练拆解与组装摩卡壶	20			
能够精确把控摩卡壶咖啡制作的火候	20			
能够按步骤完成摩卡壶咖啡的制作	20			
学习态度端正、遵守纪律	10			
能进行团队协作、相互沟通	10			
合　计	100			

拓展阅读　摩卡壶的独特地位

摩卡壶在咖啡文化中占据着特殊的地位，具有一定的重要性。

1. **历史地位**

摩卡壶作为一种传统的咖啡制作工具，有着悠久的历史。它诞生于20世纪初的意大利，是一种经典的咖啡冲泡设备之一，与意大利咖啡文化紧密相连。

2. **流行程度**

尽管在咖啡制作方式不断更新换代的今天，摩卡壶仍然备受欢迎。尤其在欧洲和拉丁美洲等地区，摩卡壶是家庭中常见的咖啡制作工具之一，受到广泛喜爱。

3. **制作方式和口感**

摩卡壶以其特有的制作方式和独特的口感著称。它通过蒸汽压力将水推入咖啡粉中，产生一种独特浓郁的咖啡口感，这种特色也是它受欢迎的原因之一。

实训练习

1. 摩卡壶通常由（　　）等部件构成。

A. 上壶杯子　　B. 粉槽　　C. 下壶烧瓶　　D. 把手

2. 摩卡壶的使用方法中，以下哪个步骤是正确的顺序。（　　）

A. 加水→加咖啡粉→加热　　B. 加咖啡粉→加水→加热

C. 加咖啡粉→加热→加水　　D. 加水→加热→加咖啡粉

3. 摩卡壶制作咖啡的冲泡比例通常是（　　）。

A. 1:4　　B. 1:7　　C. 1:15　　D. 1:20

4. 加热摩卡壶时，以下哪个步骤是正确的。（　　）

A. 使用高火加热　　B. 使用中火加热　　C. 使用低火加热　　D. 不需要加热

5. 摩卡壶上的安全水线是为了（　　）。

A. 控制加入的水量　　B. 防止水溢出

C. 判断咖啡是否煮沸　　D. 保护壶的结构安全

6. 摩卡壶在制作过程中最容易烫伤人体的部件是（　　）。

A. 上壶杯子　　B. 粉槽　　C. 下壶烧瓶　　D. 把手

7. 清洁摩卡壶的方法是（　　）。
   A. 用热水冲洗　　B. 使用洗碗机清洗
   C. 使用中性洗涤剂清洗　　D. 以上都是
8. 摩卡壶咖啡的口感会因为（　　）而受到影响。
   A. 冲泡时间　　B. 冲泡温度
   C. 咖啡粉的细度　　D. 所使用的咖啡豆种类
9. 摩卡壶制作咖啡时，关火的时机为（　　）。
   A. 上壶开始冒出咖啡泡沫时　　B. 上壶开始冒出水蒸气时
   C. 上壶中的杯子开始冒出咖啡泡沫时　　D. 上壶中的杯子开始变热时
10. 摩卡壶适用于制作（　　）。
   A. 浓缩咖啡　　B. 滴滤咖啡　　C. 浓缩咖啡　　D. 法式压滤咖啡

任务八　土耳其咖啡制作

任务目标

- 认识土耳其咖啡制作的独特器具。
- 掌握土耳其咖啡冲煮的技能。

土耳其咖啡制作

理论知识

一、土耳其咖啡制作的器具

土耳其咖啡制作器具是制作和享用土耳其咖啡所必需的工具和器具，主要包括土耳其咖啡铜壶、土耳其咖啡加热沙盘、土耳其咖啡加热炉（见图5-6）。

土耳其咖啡铜壶是制作土耳其咖啡的关键工具之一。它通常由铜制成，具有独特的形状和设计。土耳其咖啡铜壶的底部较窄，顶部较宽，带有长而曲折的手柄。这种设计有助于均匀地加热咖啡，并且方便倒出咖啡时控制流速。土耳其咖啡铜壶通常有精美的装饰，是土耳其咖啡文化中的重要象征。

土耳其咖啡加热沙盘是传统土耳其咖啡制作的热源提供器具。沙子具有良好的导热性和均匀受热性，将沙子放入锅中，用土耳其咖啡加热炉加热锅体来使沙子受热，将咖啡壶在沙盘中打圈，沙子导热来加热咖啡壶，可使咖啡壶均匀受热，起到加热萃取咖啡的作用。现代土耳其咖啡制作以求便捷性，多数咖啡爱好者和精品咖啡馆使用卡式炉等加热器代替沙盘加热。

土耳其咖啡铜壶

土耳其咖啡加热沙盘

土耳其咖啡加热炉

图5-6　土耳其咖啡器具

二、土耳其咖啡与香料的结合

土耳其咖啡与香料的结合是土耳其咖啡文化中的重要组成部分，香料为咖啡增添了丰富的味道和香气。咖啡制作常用香料包括甘草、肉桂、丁香、豆蔻、月桂叶等。

甘草是一种常用的香料，将甘草放入土耳其咖啡中一起煮沸，可以为咖啡增添柔和的甜味。肉桂是一种常用的调味品，将少量的肉桂粉撒在咖啡上，可以给咖啡带来一种香气和微甜的味道。丁香是一种具有浓郁香气的香料，在磨豆的时候，加入少量的丁香粉末，可以为咖啡增添一种独特的芳香。豆蔻是一种常用的香料，将少量的豆蔻粉末撒在土耳其咖啡中，可以给咖啡带来一种独特的芳香和深度。月桂叶是一种常用的调味品，将月桂叶放入土耳其咖啡中一起煮沸，可以为咖啡增添一种特殊的香气和口感。

这些香料可以根据个人的喜好进行调整和组合，以实现最佳的口感和香气。土耳其咖啡与香料的完美结合使咖啡更加丰富和多样化，为人们带来了独特的咖啡体验。无论是在家庭中还是在咖啡馆，土耳其咖啡与香料的结合都是一种令人愉悦的享受。

三、土耳其咖啡制作参数

土耳其咖啡的制作过程需要注意一些关键参数，包括粉水冲泡比例、加热时间、研磨度和烘焙度等。

土耳其咖啡的粉水冲泡比例是影响土耳其咖啡口感的关键因素之一。一般来说，土耳其咖啡采用1:10至1:12的粉水冲泡比例，即每杯土耳其咖啡使用8g左右的咖啡粉配上80～100mL的水。这个比例可以根据个人口味进行微调，但大致上保持相对稳定。

土耳其咖啡的加热时间也是非常重要的。在煮咖啡的过程中，需要将咖啡慢慢加热至沸腾，然后迅速将火源移开并等待沉淀。这个过程通常需要2～3min。加热过程中需要控制火力和加热时间，以确保咖啡的口感和香气得到充分释放。

土耳其咖啡的研磨度也是制作过程中的关键。土耳其咖啡需要将咖啡豆研磨得非常细腻，几乎达到粉末状。这种细腻的研磨度可以确保咖啡在加热过程中充分释放出口感和香气。一般来说，使用手动石磨或特制的咖啡磨豆机可以得到最理想的研磨度。

烘焙度是影响土耳其咖啡口感和香气的另一个关键因素。土耳其咖啡一般需要选择较浅的烘焙度，通常是中度或浅度烘焙。这是因为土耳其咖啡的特点是口感醇厚、香气浓郁，而不是焦糖或烘焙糊的味道。较浅的烘焙度保留了咖啡豆的原始风味和特点，使得土耳其咖啡具有较高的酸度和明亮的口感。相比之下，过度烘焙会使咖啡豆的风味变得较为苦涩和沉重，不利于土耳其咖啡的口感展现。

知识卡片 咖啡渣占卜传说

土耳其咖啡有着一些神秘的故事和传说。最著名的是咖啡渣占卜，即通过观察和解读咖啡渣的形状来预测未来的事情。在土耳其传统中，人们相信咖啡渣中蕴含着预示未来的信息。占卜师经过研究咖啡渣的形状、线条和图案，解读其中的象征和暗示。这种神秘的占卜仪式给人们带来了乐趣。

任务介绍

学习完土耳其咖啡制作的相关理论知识后，让我们动手制作一款土耳其咖啡。

任务实施

一、准备工作

器具：土耳其咖啡铜壶、土耳其咖啡加热炉、计时器、咖啡杯、磨豆机、水壶

材料：8g咖啡粉（较浅烘焙、极细研磨度）、100mL纯净水

土耳其咖啡铜壶

土耳其咖啡加热炉

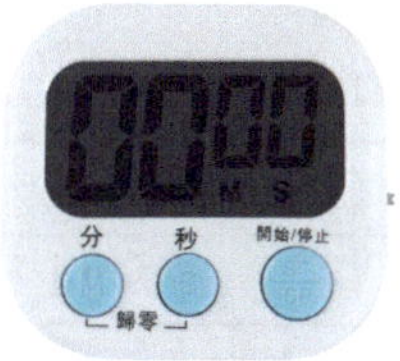

计时器

咖啡杯

磨豆机

水壶

咖啡粉

纯净水

二、操作步骤

步骤一：称豆和研磨咖啡豆

称量8g左右的咖啡豆，然后根据项目三所学咖啡豆研磨的知识将咖啡豆研磨细腻，几乎达到粉末状。注意可以进行二次研磨，使咖啡粉达到极细研磨度。

步骤二：加入咖啡粉和水

将研磨好的咖啡粉加入土耳其咖啡壶中，然后加入适量的水，约80～100mL，可以根据个人口味调整。

步骤三：三段式加热萃取

将土耳其咖啡壶放在加热炉上，使用低火加热。加热过程分为三个阶段。

第一阶段加热：在加热过程中，先要保持低火，让咖啡慢慢升温。这个阶段主要是为了使咖啡粉与水充分混合，形成均匀的悬浮液。注意搅拌咖啡液体，以保持悬浮液的均匀性；当咖啡开始升温时，火力可以适度增大。继续加热，直到咖啡开始冒泡和沸腾。在这个阶段，要保持适度的火力，避免咖啡溢出；当咖啡开始冒泡和沸腾后，迅速将火源移开，等待咖啡变冷缩回。这个阶段需要等待约30s。

第二阶段加热：待咖啡变冷缩回、停止沸腾，再次加热咖啡壶，重复一阶段加热、离火的操作，进行二次萃取。

咖啡沸腾状态

第三阶段加热：再次重复第二阶段的操作，进行第三次萃取。注意，也可以不进行第三阶段的加热，根据个人喜好选择加热次数即可。

步骤四：出杯品尝

待第三次咖啡沸腾，将其拿离火源，等待咖啡沉淀，1～2min后，可以将土耳其咖啡倒入咖啡小杯中，即刻品尝。

注意事项

注意防烫。由于土耳其咖啡制作过程中需要将咖啡壶直接放在加热炉上加热，因此需要注意防止烫伤。使用长柄的咖啡壶或佩戴厚实的烤箱手套，以便在加热过程中更安全地操作。

学习评价

根据所学知识技能，进行任务实施，并开展师生评价。

评价项目	分数	学生自评（50%）	教师评分（50%）	总分
了解土耳其咖啡制作的器具	10			
掌握土耳其咖啡制作的相关参数	10			
能够研磨出极细的咖啡粉	20			
能够精确掌握三段式加热手法	20			
能够按步骤完成土耳其咖啡的制作	20			
学习态度端正、遵守纪律	10			
能进行团队协作、相互沟通	10			
合　计	100			

拓展阅读　土耳其咖啡的现代化

土耳其咖啡作为一种传统独特的咖啡制作方式，近年来在现代化的进程中经历了一些变化和调整。

1. 商业化和现代咖啡文化

在土耳其，传统的土耳其咖啡依然受到欢迎，但随着咖啡文化的现代化和商业化，一些现代咖啡店开始提供更多种类的咖啡选择，包括意式浓缩咖啡、拿铁等。土耳其咖啡也逐渐被视为连接传统和现代咖啡文化之间的一个桥梁。

2. 包装和市场推广

一些品牌开始将土耳其咖啡以更现代化的方式包装和推广，以适应更广泛的市场。这种现代包装和市场推广使得土耳其咖啡更加符合现代消费者的审美和购买习惯。

3. 创新调整和口味变化

一些咖啡师和品牌开始在传统土耳其咖啡的基础上进行创新调整，探索新的口味和风味。他们可能会加入不同的调味品或调整烘焙和制作方式，以吸引更多年轻消费者。

4. 旅游和文化展示

土耳其咖啡作为土耳其文化的一部分，在旅游业中扮演着重要角色。一些传统咖啡馆或展示中心开始将土耳其咖啡的制作过程作为一种文化展示，吸引游客体验。

讨论交流

土耳其咖啡制作的三段式加热是否多余？

实训练习

1. 制作一人份土耳其咖啡时，一般每杯咖啡需要使用（　　）g的咖啡豆。

A. 5～6　　B. 6～7　　C. 7～8　　D. 8～9

2. 土耳其咖啡的研磨度应该达到的程度是（　　）。
   A. 中度研磨　　B. 粗研磨　　C. 极细磨粉　　D. 粗粉末
3. 在土耳其咖啡制作过程中，火力需要控制在（　　）。
   A. 高火　　B. 中火　　C. 低火　　D. 可以任意调整火力
4. 制作土耳其咖啡时，加热过程分为（　　）个阶段。
   A. 1　　B. 2　　C. 3　　D. 4
5. 以下（　　）不是土耳其咖啡制作过程中的加热阶段。
   A. 慢慢升温　　B. 冒泡和沸腾　　C. 等待沉淀　　D. 加热至沸点
6. 制作土耳其咖啡时，加热过程中火力需要适度增大的阶段是（　　）。
   A. 慢慢升温阶段　　B. 冒泡和沸腾阶段
   C. 等待沉淀阶段　　D. 加热至沸点阶段
7. 在加热过程中，咖啡开始冒泡和沸腾后，应该（　　）。
   A. 继续保持火力，直到咖啡溢出　　B. 迅速移开火源
   C. 倒掉咖啡液体　　D. 关掉火源，等待咖啡冷却
8. 制作土耳其咖啡时，可以添加（　　）来增加口感。
   A. 糖　　B. 奶精　　C. 香草精　　D. 柠檬汁
9. 制作土耳其咖啡时，咖啡粉和水的比例应为（　　）。
   A. 每杯水80～100mL，每杯咖啡6～7g
   B. 每杯水60～80mL，每杯咖啡8～9g
   C. 每杯水100～120mL，每杯咖啡5～6g
   D. 每杯水120～140mL，每杯咖啡7～8g
10. 制作土耳其咖啡时需要特别注意的是（　　）。
   A. 防烫和观察咖啡沸腾情况　　B. 研磨度和水温
   C. 咖啡壶的材质和水质　　D. 咖啡豆的产地和烘焙程度

任务九　冰滴咖啡制作

任务目标

- 了解冰滴咖啡的制作方法。
- 熟知冰滴咖啡与冰萃咖啡的区别。
- 掌握冰滴咖啡壶的部件构成。
- 掌握影响冰滴咖啡制作的重要参数。
- 熟练掌握冰滴咖啡的制作技能。

冰滴咖啡制作

理论知识

一、认识冰滴咖啡

冰滴咖啡的发明可以追溯到19世纪，当时使用一种被称为“冰滴器”的设备来制作冰滴咖啡。冰滴器由一个长而细的玻璃管组成，底部是一个滴定仪。该设备的工作原理是将冷水滴

在咖啡粉上，滴水经过咖啡粉时，慢慢地浸泡咖啡粉，使其释放出咖啡的香味，并最终流进滴定仪中，形成冰滴咖啡。它因为独特的制作方法和口感而备受推崇。冰滴咖啡的特点是酸度较高、口感清爽、香气浓郁。

随着时间的推移，冰滴咖啡的制作方法得到了改进和创新。现代冰滴咖啡设备通常采用更先进的设计和技术，例如滴水速度的调节、滴水时间的控制和自动化控制等。这些改进使冰滴咖啡的制作更加精确和便捷。

二、冰滴咖啡与冰萃咖啡的区别

冰滴咖啡与冰萃咖啡是两种不同的咖啡制作方法。

冰滴咖啡是使用特殊的冰滴咖啡设备，将冷水滴入咖啡粉上方的滴漏器内，然后缓慢滴出，形成咖啡。滴水过程通常需要较长的时间，一般数小时甚至数天。这种方法通过滴水速度控制冷水与咖啡粉的接触时间，以提取咖啡的香味。

冰萃咖啡是将咖啡粉浸泡在冷水中，然后静置一段时间，通常需要12～24h。冷水会慢慢浸泡咖啡粉，从而提取咖啡的香味。最后，通过过滤将咖啡粉分离出来，得到冰萃咖啡。

总结来说，冰滴咖啡是通过滴水的方式来制作，而冰萃咖啡是将冷水与咖啡粉混合、静置一段时间来制作。它们的制作时间、设备和咖啡风味均有所不同，但都是以冷水为基础的咖啡制作方法。

三、冰滴咖啡制作参数

（1）研磨度　研磨度是指咖啡豆研磨的粗细程度。对于冰滴咖啡来说，一般建议使用中等至粗研磨度的咖啡粉，这可以减少过度提取的风险，同时保持咖啡的口感和香味。

（2）冲泡比例　冲泡比例是指咖啡粉和水的比例。一般来说，常见的推荐比例是1:10～1:15，即1g咖啡粉配10～15mL的水。也可以根据个人口感偏好进行调整。

（3）时间　冰滴咖啡的制作时间可以根据个人口感偏好进行调整。一般来说，制作时间在3～4h。较长的制作时间可能会提取更多的咖啡风味和香气。

（4）滴水速度　滴水速度是指冷水滴入咖啡粉的速度。较慢的滴水速度可以帮助咖啡与水更好地接触，提取更多的风味。可以通过调整滴水器的控制阀来控制滴水速度。

四、冰滴壶的构成

冰滴壶从上至下由盛水器、水滴调整阀、咖啡粉杯、滤布过滤器、咖啡液容器构成（见图5-7）。

图5-7　冰滴壶的构成

知识卡片　冰滴咖啡的温度——恒定的零摄氏度

冰滴咖啡是一种特殊的咖啡冲泡方法，它以低温冲泡的方式制作咖啡，与传统的热水冲泡方式不同。冰滴咖啡的温度通常保持在恒定的零摄氏度，即呈现一种冰水混合物的状态。这就需要对冰和水的比例进行严格的控制，需要根据室温调配出适合的冰水比例。

任务介绍

学习完冰滴咖啡制作的相关理论知识，使用冰滴壶，任意选取一款单品咖啡，按如下步骤来制作一杯冰滴咖啡。

任务实施

一、准备工作

器具：冰滴壶、圆锥形/圆形滤纸、计时器、咖啡杯、磨豆机、水壶

材料：20g咖啡粉（中等偏粗研磨度）、100mL纯净水、140g冰块

冰滴壶

圆锥形滤纸

圆形滤纸

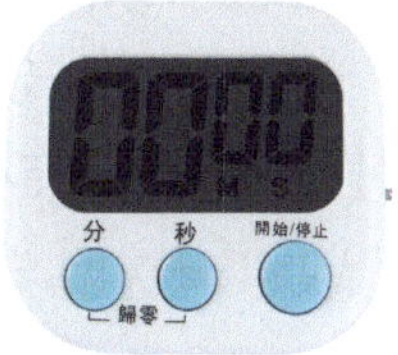

计时器

咖啡杯

磨豆机

水壶

咖啡粉

纯净水

冰块

二、操作步骤

步骤一：研磨咖啡粉

称量20g左右的咖啡豆，根据项目三所学咖啡豆研磨的知识将咖啡豆研磨成中等偏粗研磨度的咖啡粉。

步骤二：安装滤纸

将过滤纸折叠并放入冰滴壶的滤网上，确保滤纸完全贴合、没有空隙（可浸湿滤纸），这样可以防止咖啡粉渗漏到水中。

步骤三：加入咖啡粉

将磨好的咖啡粉均匀地倒在滤纸上，使用勺子轻轻抹平咖啡粉表面，使其均匀分布。而后将圆形滤纸盖于咖啡粉表面，并盖上锁香盖，最大限度地保留咖啡的香气。

折叠滤纸

安装并浸湿滤纸

步骤四：称量并加入冰块和水

在滤纸上方的盛水器中加入冰块，然后慢慢倒入冷水，注意不要直接将水倒到咖啡粉上。

步骤五：打开水滴调整阀，开始萃取

打开盛水器底部的水滴调整阀，使其开始滴水。滴水速度可以根据个人口味和喜好进行调整。较慢的滴水速度通常可以提取更多的咖啡风味和香气。

冰滴咖啡制作一般需要几小时的时间，具体时间可以根据萃取量、滴水速度、个人口味和

喜好进行调整。在这个过程中，要注意观察咖啡滴下来的速度和颜色，以及整体的萃取情况。

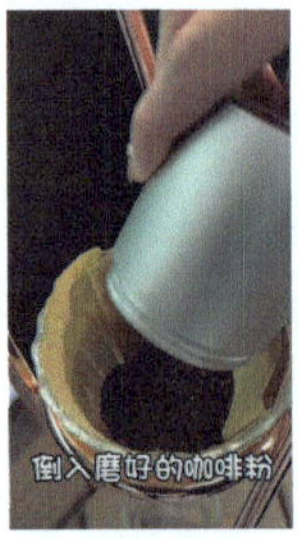

倒入咖啡粉

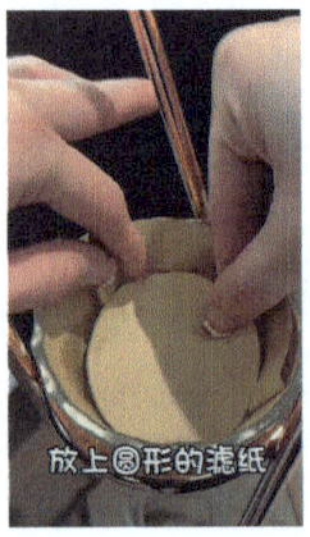

盖上滤纸

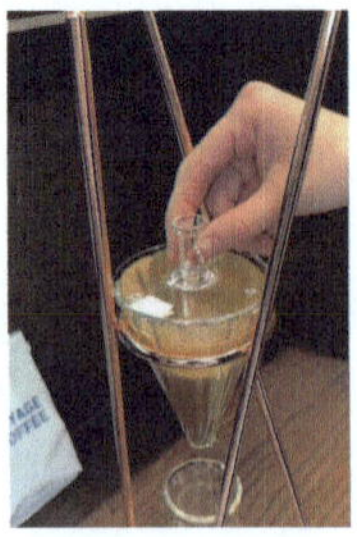
盖上锁香盖

盛水器中加入冰块和水

调节水滴调整阀

咖啡萃取过程

步骤六：出杯品尝

当滴水完全停止时，表示冰滴咖啡制作完成。轻轻拿下冰滴壶，将其中的咖啡液倒入咖啡杯中品尝。也可以使用过滤器进一步过滤咖啡，确保没有咖啡渣残留。

由于冰滴咖啡需要大量时间等待萃取，过程中可以准备两个咖啡液容器，轮换收集咖啡液。这样就可以一边萃取、一边品尝、一边观赏萃取过程。

注意事项

水温控制：由于冰滴咖啡是使用冰水进行萃取的，因此水温需要保持在0℃以下。通常使用冰水混合物进行萃取。

研磨度的选择：冰滴咖啡通常建议使用中等至粗研磨度的咖啡粉，可以减少过度提取的风险，同时保持咖啡的口感和香味。

滴水速度的调整：滴水速度是影响咖啡口感的重要因素之一。较慢的滴水速度可以帮助咖啡与水更好地接触，提取更多的味道。可以通过调整滴水器的控制阀来控制滴水速度，根据个人口味进行微调。

适用场景：冰滴咖啡通常适用于追求冷饮口感的人群，特别适合在夏季或炎热的天气中享用。由于冰滴咖啡的制作时间较长，一般不适合急需咖啡的情况下使用。

学习评价

根据所学知识技能，进行任务实施，并开展师生评价。

评价项目	分数	学生自评（50%）	教师评分（50%）	总分
了解冰滴咖啡的制作方法	10			
掌握冰滴壶的构成	10			
能够精确研磨出中等偏粗研磨度的咖啡粉	20			
能够精确控制滴水速度	20			
能够按步骤完成冰滴咖啡的萃取	20			
学习态度端正、遵守纪律	10			
能进行团队协作、相互沟通	10			
合　计	100			

讨论交流

讨论1：冰滴咖啡是否健康？

讨论2：请预测一下冰滴咖啡未来的发展趋势。

实训练习

1. 冰滴咖啡的制作过程中，需要用到（　　）。

A. 滤纸　　B. 滴水器　　C. 冰水箱　　D. 咖啡壶

2. 制作冰滴咖啡，应该使用（　　）研磨度的咖啡粉。

A. 细研磨　　B. 中等研磨　　C. 粗研磨

3. 冰滴咖啡的滴水速度可以通过（　　）来控制。

A. 滤纸　　B. 水滴调整阀　　C. 冰块大小

4. 冰滴咖啡的萃取时间一般在（　　）h。

A. 1～2　　B. 3～4　　C. 5～6　　D. 7～8

5. 冰滴咖啡适合在（　　）饮用。

A. 冬季　　B. 夏季　　C. 春季　　D. 秋季

6. 冰滴咖啡通常适合（　　）口感的咖啡爱好者。

A. 浓郁　　B. 清新　　C. 酸味

7. 冰滴咖啡的制作过程中，为了避免咖啡渣进入最终的饮品中，可以使用（　　）进行进一步过滤。

A. 滤纸　　B. 冰块　　C. 咖啡豆

项目六

创意咖啡饮品制作

项目提要

本项目主要讲解不同种类创意咖啡的制作，主要包括创意咖啡的制作理念、所用到的制作器具、制作中的注意事项、成品咖啡的风味特点等。

项目内容

- 创意咖啡饮品制作
  - 了解创意咖啡制作理念
    - 创意咖啡的感官体验
    - 创意咖啡的制作理念
    - 创意咖啡的制作原则
  - 咖啡酒制作
    - 咖啡酒的概念
    - 咖啡酒的种类
  - 特调咖啡制作
    - 特调咖啡的概念
    - 特调咖啡的特点
  - 花式咖啡制作
    - 花式咖啡的概念
    - 花式咖啡的种类和特点

引入案例　短笛拿铁

Piccolo Latte短笛拿铁，在意大利文里Piccolo是“小”的意思，原意是小拿铁，而Piccolo在英文里是短笛的意思，所以我们沿用下来，称为短笛拿铁。据传是来自悉尼的咖啡师创造了这种咖啡。由于传统拿铁咖啡的杯子容量较大，人们发明了这种缩量版的拿铁咖啡，从而避免因咖啡摄取过量而带来的不必要的麻烦。

在澳洲，咖啡的制作方式走的是美国的路线。按照美国的配方，卡布奇诺和拿铁咖啡用的是同样大小的咖啡杯，所以做出来的咖啡口味都很淡，而且难以区分这两款咖啡口味之间的区别。另外按照美国式的做法，这两款咖啡都有奶沫，只是厚薄不同。

为了能喝到意大利传统的拿铁咖啡，也就是几乎没有奶沫的牛奶咖啡，澳洲人发明了新款咖啡，Flat White，俗称“澳白咖啡”。但是澳洲的咖啡店对澳白咖啡各有各的理解，最后传到中国的版本演变成了小杯的拿铁咖啡。

然而这一做法并没能够在澳洲获得普遍认可，还是有很多咖啡并不这么做。所以，那些想要喝到更加浓郁咖啡味的牛奶咖啡的人就又发明了一种新款咖啡，就是这个“短笛拿铁”。它的杯子容量更小，加入的生奶更少，所以咖啡味道更浓，就是要模仿意大利传统的卡布奇诺咖啡。

阅读思考：

1. 短笛拿铁有何特点？
2. 目前对“澳白咖啡”的主流理解有哪些？

任务一　了解创意咖啡制作理念

任务目标

- 了解创意咖啡制作所应遵循的制作理念。
- 内化创意咖啡制作的相关知识。
- 掌握创意咖啡的制作要点并能独自实践。

理论知识

一、创意咖啡的感官体验

我们可以从味觉、嗅觉、触觉、视觉四个维度来了解创意咖啡，感受创意咖啡能带来的综合感官体验。

味觉是讲清创意咖啡底层逻辑首要考量的因素。从味觉出发大致可将其分为香浓和清爽两种风格，香浓的创意咖啡主要是挖掘咖啡豆的坚果、焦糖、巧克力等香气，辅之以香料来增加咖啡的厚度，适于秋冬季节饮用；清爽的创意咖啡落脚于咖啡风味的酸与甜，搭配果味糖浆或气泡水，适于夏季饮用。

嗅觉往往是一杯创意咖啡的点睛之笔。如果选用的食材本身不具有强烈可被感知的香气，那么可以尝试在咖啡顶部加上风味奶盖，常见的呈现形式是果汁泡沫或顶部泡沫奶泡，或是具有强烈香气的香料，比如茉莉花茶的风味会影响整个咖啡风味的基调，使其创意性突出。

触觉的变化往往能给创意咖啡带来惊喜。比如在咖啡顶上撒一层海苔薄脆，能够给触觉带来新的变化，触觉也并不局限于成品本身，制作创意咖啡时手中使用的器具、嘴唇啜吸咖啡的触感，都是触觉体验的一部分。

视觉能使感官体验效果达到最佳。从视觉层面出发，最大的作用便是带来审美愉悦，如果创意咖啡中增添的装饰物本身也为饮品的风味发挥了积极作用，那便是锦上添花。

先把握好创意咖啡的制作理念，然后再去思考如何使用新的技术与食材，在学习与实践的过程中寻找协调四大感官要素的最佳途径或方法，锻炼自己的专业技能，拓宽创意思维，提升咖啡专业素养。

二、创意咖啡的制作理念

选豆、烘焙、混合、研磨、萃取的每一步都是影响咖啡口感的关键因素。在制作过程中要专注、沉着、细心、连贯、有条不紊。一杯好的咖啡，更多的是咖啡师对咖啡的理解，包括咖啡的生长环境、种植条件、采摘以及加工方式等，这些都会影响咖啡的味道。煮咖啡时，甚至是多一秒少一秒，咖啡就会有不同口感。

从纯粹浓烈的Espresso到充满艺术的Latte Art，从完美醇香的Cappuccino到迷离蛊魅的爱尔兰，款款经典都经过数百年上千年的历史文化，值得我们学习。千篇一律不是咖啡的特点，它充满变化，而每一个细微的变化都有其丰富的内涵，这恰恰是咖啡让人着迷的地方。

三、创意咖啡的制作原则

原则一：了解不同咖啡的差异，以及不同的制作方法给咖啡口感带来的影响。

原则二：了解各种食材的特性和食用方法，学会处理食材。将处理不当的食材加入咖啡中不会有好的结果。

原则三：了解市面上所有类别的饮品制作方法，以及国内外各个地区的饮品特色，并学习制作，这对创意咖啡制作方法的选择有很大帮助。

原则四：创意咖啡的制作要与自己的爱好结合，或者和人们的饮食习惯结合，最好每一款创意咖啡都能贴近生活，不断地寻找灵感。

原则五：一款经典的创意咖啡不能独享，需要将好的创意咖啡制作方法介绍给他人，让这款咖啡流行起来，被更多人品尝。

议一议

你认为在咖啡制作中最重要的原则是哪一个？和同学们讨论一下并说明你的理由。

知识卡片　八个咖啡小知识

（1）咖啡豆包装袋的单向排气，不是闻香孔。

（2）咖啡豆不要放冰箱保存。

（3）咖啡豆“喝多少磨多少”，拆封后，最好于一个月内饮用完。

（4）喝咖啡心悸睡不着觉的人，买咖啡时需注意咖啡因的含量。

（5）做咖啡时确定豆子用量最客观的方式就是用秤称。

（6）咖啡会有酸、甜、苦等不同层次的口味。

（7）冲煮咖啡时，烘焙度与水温至关重要。

（8）咖啡冲煮时间长，则适用较粗的啡粉；咖啡冲煮时间短，则适用较细的咖啡。

任务介绍

请同学们了解创意咖啡制作的制作理念与制作原则，并尝试梳理创意咖啡的发展历程，小组合作制作发展时间表并以手抄报的形式进行班级展示。

任务实施

操作步骤

步骤一：阅读相关书籍并结合网络搜索查找有关创意咖啡发展历程的信息。

步骤二：梳理信息，以发展时间为梳理点整理所得资料并在小组内进行讨论。

步骤三：形成资料时间线表格，凝练重大事件节点，制作手抄报。每一组选取一位代表发言人对小组成果进行展示和解说，最终由老师对整个任务的完成度及小组间的配合度进行打分，计入平时成绩或学分。

学习评价

根据所学知识技能，进行任务实施，并开展师生评价。

评价项目	分数	学生自评（50%）	教师评分（50%）	总分
了解创意咖啡的感官体验	10			
熟悉创意咖啡的制作理念	20			
掌握创意咖啡制作的主要原则	25			
熟悉创意咖啡制作的发展历程	25			
学习态度端正、遵守纪律	10			
能进行团队协作、相互沟通	10			
合　　计	100			

拓展阅读 咖啡与麝香猫

广为人知的猫屎咖啡，其主要“生产力”是来自印度尼西亚的麝香猫，因为印度尼西亚人认为这种猫直肠附近的汗腺会排出麝香，所以称作麝香猫。它们是生活在树上的夜行动物，以一种天然含有酒精的树汁与新鲜的咖啡果实为食。因为它们只挑选肥美多汁的咖啡果实，这本身就是一层自然筛选，且果实在麝香猫胃部被分解时，能给咖啡豆赋予独特的风味，再经过肠道发酵，更是降低了原有的苦涩。于是，人们发现从麝香猫的粪便中可以提取出一种独特的咖啡，美国的蒙塔纳斯公司称这种咖啡为麝香猫咖啡（Kopi Luwak）。

讨论交流

讨论1：掌握创意咖啡制作的发展历程有何重要性？

讨论2：主要从哪些维度对创意咖啡的制作理念进行了梳理？小组讨论还有没有新的视角？

讨论3：创意咖啡的品类有哪些？

实训练习

1. 创意咖啡的感官因素分别是（　　）。

　A. 视觉、听觉、味觉、幻觉　　　　B. 触觉、味觉、嗅觉、听觉

C. 触觉、味觉、嗅觉、视觉　　D. 触觉、味觉、视觉、感觉

2. 在创意咖啡的制作理念中，首先要会（　　），然后要（　　），最后要会（　　）。

A. 做咖啡　　B. 采咖啡　　C. 懂咖啡　　D. 品咖啡

3. 不属于影响咖啡口味的关键因素是（　　）。

A. 选豆　　B. 烘焙　　C. 萃取　　D. 心情

任务二　咖啡酒制作

任务目标

- 了解不同酒的品类与咖啡的调和比例。
- 熟悉各种花式酒咖的主要风味特点。
- 掌握调制酒调咖啡的主要操作步骤与注意事项。

理论知识

一、咖啡酒的概念

咖啡酒是一种饮品，其主要成分是咖啡和酒类。通过将浓缩咖啡和酒混合在一起，即可制作出这种美味的饮品。咖啡酒多数是咖啡因和酒精的混合物，它们的浓度会因采用的配方和比例不同而有所变化。不管是将咖啡和酒混合还是同步烹制它们，咖啡酒都是一款非常受欢迎的饮品。

二、咖啡酒的种类

1. 意大利浓缩咖啡酒

意大利浓缩咖啡酒是由浓缩咖啡、伏特加和咖啡口味的糖浆混合而成的一款酒精饮品。浓缩咖啡的微苦味和伏特加的纯净和风味相结合，增强了饮品的口感和特别的酸度。意大利浓缩咖啡酒通常是餐后饮用的，因为它以浓厚和甜味的混合而著名。

2. 法国手工咖啡酒

法国手工咖啡酒是一款口感顺滑、酸度适中的饮品，其酒精度适中，特别适合女性饮用。由于这款饮品口感不需要加糖，所以很多人会选择用法国手工咖啡酒来代替咖啡和酒的组合。

3. 德国樱桃酒咖啡

德国樱桃酒咖啡是一款非常受欢迎的酒精饮品，它由刚刚煮好的咖啡和樱桃白兰地混合而成。这种咖啡酒的口感是浓郁且有劲，而且具有一种甜美的香气。用樱桃白兰地代替伏特加的好处是可以让饮品更加的香甜。

4. 爪哇咖啡酒

爪哇咖啡酒是一款由浓烈的爪哇岛咖啡豆和兰姆酒混合而成的饮品。爪哇岛咖啡豆是一种具有浓郁香味和强烈咖啡因含量的咖啡豆，一旦和兰姆酒混合，口感会变得甜美和柔和。爪哇

咖啡酒的特点是浓烈的香味和高度酒精度。

议一议

选择你最感兴趣的一种咖啡酒，以咖啡师的身份向大家介绍它独特的魅力。

知识卡片 咖啡加什么酒？什么酒需要加咖啡？

1. 什么酒需要加咖啡？

用来加入咖啡中的酒类，大致上以利口甜酒或酒精度高且香味浓郁的烈酒为主。以利口甜酒调制的如“爱尔兰咖啡”“墨西哥咖啡”“西班牙咖啡”“牙买加咖啡”“意大利咖啡”，酒精度低，酒味融入咖啡中，十分爽口。但以白地酒调制的，则酒精较浓味道较重，如“皇家咖啡”，其酒味如咖啡一样浓重，可用“香醇”来形容。

2. 咖啡配伏特加还是威士忌？

答案是都可以。或许最经典的咖啡鸡尾酒就是意式浓缩马提尼了，现在几乎每一家酒吧都会制作意式浓缩马提尼。这款鸡尾酒发明于20世纪80年代，制作相对简单，只需准备意式浓缩咖啡、伏特加、咖啡甜酒和糖浆即可。

还有一款非常经典的咖啡鸡尾酒：爱尔兰咖啡。爱尔兰咖啡并非简单地将威士忌倒入咖啡当中，这款鸡尾酒发明于19世纪中叶，但最为人熟知的版本源自1942年的福因斯（Foynes）小镇。

任务介绍

咖啡和酒看似不搭边。毕竟，酒是镇静剂，咖啡因是兴奋剂，而如果将两者结合，会不会让大脑陷入愈醒愈醉的状态，变成有趣的咖啡鸡尾酒呢？很多调酒师会尝试把各种各样的咖啡加入酒单中，无论是咖啡糖浆，还是咖啡利口酒。实际上，咖啡与许多烈酒的搭配非常完美。

同学们，了解有关咖啡酒的理论知识与制作原理后，请根据以下步骤进行各类咖啡酒的制作吧！

任务实施

一、便利店咖啡酒系列

便利店咖啡酒是指在咖啡店购买咖啡后，到便利店里选购小样酒加入其中。常见的搭配主要有：百利甜+拿铁咖啡、威士忌+美式咖啡、金酒+气泡水+冰萃咖啡、白兰地+阿芙佳朵。

便利店咖啡酒

二、含乳制品咖啡酒系列

1. 提拉米苏奶油咖啡酒

主要配料及操作流程：

酒咖部分：浓缩咖啡液40mL，果糖15mL，咖啡力娇酒30mL，热水100mL，混合均匀。

奶盖部分：奶油60mL，海盐2g，白砂糖8g，将其混合打发至5成，呈顺滑带微微阻力的流动状态即可。

最后撒上无糖可可粉便制作完成。

2. 酒香奶盖鸳鸯

主要配料及操作流程：

酒咖部分：浓缩咖啡液30mL，热红茶100mL，咖啡力娇酒30mL。

奶盖部分：厚椰乳60mL，淡奶油30mL，打发至5成，呈顺滑带微微阻力的流动状态即可。

最后撒上肉桂粉或肉桂迷迭香作装饰即可。

3. 焦糖力娇拿铁

主要配料及操作流程：

酒咖部分：焦糖酱挂壁，咖啡力娇酒30mL，冰块满杯，牛奶200mL，滴滤咖啡60mL。

奶盖部分：奶油60mL，糖浆3mL，盐0.5g，打发至5成，呈顺滑带微微阻力的流动状态即可。

最后挤上焦糖酱，撒上焦糖饼干碎作装饰即可。

提拉米苏奶油咖啡酒

酒香奶盖鸳鸯

焦糖力娇拿铁

4. 黄油啤酒

主要配料及操作流程：

酒咖部分：红糖用少量水化开后，加入黄油15g做成黄油酱，其中1/3黄油酱与咖啡利口酒30mL再加入奶啤150mL混合均匀。

奶盖部分：奶油120mL加2/3的常温黄油酱混合均匀，打发至5成，呈顺滑带微微阻力的流动状态即可。

最后可撒上一点桂花碎作为点缀。

黄油啤酒

三、酒精含量较多系列

1. 菠力咖啡鸡尾酒

主要配料及操作流程：

准备好雪克壶，装入大概七分满的冰块，依次加入浓缩咖啡液30mL、菠萝朗姆酒30mL、榛子力娇酒30mL、柠檬汁20mL（可根据顾客的口味偏好做适当的调整）、黄糖2小匙。

接着混合均匀并摇晃，此步骤可为饮品增加泡沫口感，最后放上菠萝干和咖啡豆作为装饰。

2. 爱尔兰咖啡

主要配料及操作流程：

酒咖部分：在杯中加入方糖1～2块，倒入现煮热咖啡150mL，搅拌方糖至其融化，最后倒入威士忌20～30mL。

爱尔兰咖啡制作

奶盖部分：使用新鲜奶油40mL，打发至5成，呈顺滑带微微阻力的流动状态，缓缓倒入咖啡中即可。

3. 梅酒威士忌醉咖

主要配料及操作流程：

准备好雪克壶，装入七分满的冰块，依次加入浓缩咖啡液45mL、梅酒30mL、威士忌30mL、接骨木花糖浆15mL、茉莉绿茶45mL。

混合均匀后充分摇晃，为饮品增加泡沫口感，最后放上迷迭香作为装饰。

菠力咖啡鸡尾酒

爱尔兰咖啡

梅酒威士忌醉咖

学习评价

根据所学知识技能，进行任务实施，并开展师生评价。

评价项目	分数	学生自评（50%）	教师评分（50%）	总分
了解咖啡酒的概念	10			
熟悉咖啡酒的种类	10			
配料准备充分合理	20			
制作步骤条理清晰	20			
特调成品风味俱佳	20			
学习态度端正、遵守纪律	10			
能进行团队协作、相互沟通	10			
合　计	100			

拓展阅读 普通咖啡馆和独立咖啡馆有哪些区别？

1．普通咖啡馆

普通咖啡馆更偏向商业化运营，希望能开更多分店，最终以营利为目的。

普通咖啡馆都至少会有一台意式咖啡机，但是不仅仅是售卖咖啡，还会售卖咖啡以外的饮品，比如冰沙、果茶之类，有些咖啡馆还会销售简餐。普通咖啡馆一般不会自己烘焙豆子，所以大多数普通咖啡馆的咖啡喝起来，味道差别都不大。例如星巴克、Costa、太平洋咖啡……它们追求的咖啡品质是统一化、标准化，咖啡均为标准的制作手法，味道基本相同。所用咖啡豆基本从一个地方统一烘焙好，再配送到各个店面。这个过程会让咖啡豆的风味有所流失，所以会将咖啡豆烘深一点，以便让咖啡豆的风味保存久一点。

2．独立咖啡馆

独立咖啡馆相对普通咖啡馆较为小众，一般来说店面都不大，装修风格比较简约，但是充满个性。

独立咖啡馆，店长都会进行精心布置，一般只售卖咖啡，有些会售卖店家自做的手工小甜点。菜单一般为手写，会经常更新菜单上的手冲咖啡豆，以保证提供给客人选择的咖啡豆是新鲜的。独立咖啡馆更注重的是咖啡本身的风味和咖啡豆的品质，更关注用户体验。

讨论交流

讨论1：咖啡与酒在不同配比下呈现的风味特点有哪些？

讨论2：制作咖啡酒的要点及细节有哪些？请讨论后做出归纳与总结。

实训练习

1. 咖啡酒是咖啡因和（　　）的主要混合物。

   A. 果汁　　B. 糖浆　　C. 酒精　　D. 茶

2. 意大利浓缩咖啡酒是由（　　）、（　　）和（　　）混合而成的一款酒精饮品。

   A. 浓缩咖啡　　B. 伏特加　　C. 咖啡口味糖浆　　D. 果汁

3. 便利店酒咖常见的搭配主要有：______、______、______、______。

任务三　特调咖啡制作

任务目标

- 了解特调咖啡的概念。
- 熟悉特调咖啡适配的香料。
- 掌握至少三种特调咖啡的制作方法。

理论知识

一、特调咖啡的概念

从咖啡业界的角度来说，所谓特调咖啡，可以大致分为三类：口味特调咖啡、手法特调咖啡以及搭配类型的特调咖啡，其中口味特调的咖啡饮品最为常规。早期，我们看到的只要在咖啡里加入风味糖浆、奶油、巧克力酱等辅料，就已经算是特调了。此时咖啡仍然是主角，辅料的加入是为了提升咖啡饮品的口感与香气。

二、特调咖啡的特点

虽说网络上为了特调而特调的“创意饮品”层出不穷，但这并不代表特调咖啡就不能成为主流。对于消费者而言，特调的外表做得再花哨，最终还是要回到饮品最本质的要求——好喝。与其打着咖啡的旗号，与毫不相干的食物“硬凑”，还不如从咖啡豆自身的风味出发，融入有着相近香气的“配角”，或许更能打造出大众所希望的特调咖啡。此时咖啡就必须是主角，所研发的思路也要沿着咖啡本具有的风味出发，择取其中一项或几项放大化处理，以此来增加饮品口味上的层次感。

基于从咖啡豆上揣摩出来的风味调性，用水果、鲜花、茶、酒等元素融合，使得口感体验的层次更多，风味也更为立体了。在尊重食物的前提下，特调咖啡可以展现出无限可能。毕竟咖啡豆本身的风味是局限的，特调可以让咖啡延伸出风味轮以外的味谱，也解决了部分人对咖啡的酸苦味道不适应的问题。

议一议

设计一款你认为最棒的特调咖啡并说明这样设计的理由，和同学们一起讨论一下吧！

知识卡片　与咖啡适配的香料

（1）椰子油　咖啡中的椰子油不仅能提供营养，还可以产生可口的奶油质地和清淡的椰子味。可以通过加一点椰子奶来进一步增强风味。

（2）黄油　在咖啡中添加黄油越来越流行，将其与椰子油混合到咖啡中即可获得乳脂风味，并且已被证明可以减轻咖啡因过量后的不适。

（3）盐　在咖啡中加盐是消除某些咖啡中的苦味的有效方法。实际上，在某些沿海地区，使用盐水冲泡咖啡有很长的历史了。

（4）香精　香精提取物有多种形式，包括香草、坚果、椰子、橙和巧克力等，这些都可以与合适的咖啡搭配美味。它们可以使咖啡无卡路里、无糖而风味十足。

（5）可可粉　长期以来，巧克力一直以其丰富的风味而倍受人们喜爱，可可粉富含抗氧化剂，甚至比红酒或绿茶更丰富。

（6）非乳制奶　非乳制奶可由燕麦、大豆、杏仁、腰果、榛子等制成，能够提供独特的风味、矿物质和维生素，任何一种都可以成为咖啡的搭档。

（7）小豆蔻　小豆蔻是一种相对温和的香料，在中东和印度颇受欢迎，在印度作为咖啡添加剂已有很长的历史。它的风味与咖啡的果味和苦甜味自然融合。含有丰富的抗氧化剂，并且证据表明它可以对抗癌症，降低炎症并有助于消化。

（8）肉桂　肉桂从热带植物的树皮中获得，无论是制作肉桂咖啡，在卡布奇诺咖啡上撒上一些，还是制作南瓜香料拿铁，肉桂都是我们经常与咖啡联系在一起的香料。

（9）柠檬或酸橙柑橘　柠檬或酸橙柑橘是咖啡中的常见添加物，因为它可以消除苦味并提升咖啡的风味。

（10）蜂蜜　如果喜欢咖啡的甜，蜂蜜是一个不错的选择，因为它比精制糖提供更多的营养，包括抗氧化剂、矿物质和维生素，还可以舒缓喉咙。

（11）龙舌兰糖浆　龙舌兰糖浆是从龙舌兰植物中提取的天然甜味剂。它很容易溶解，因此非常适合冷咖啡饮料。

（12）炼乳　炼乳作为越南咖啡（冷热咖啡）的伴侣而出名，是可以在家中轻易尝试的美味组合。

（13）奶酪　咖啡中所用的奶酪是一种坚固的品种，可在热液体中软化但不会融化。

任务介绍

为了让更多的人习惯咖啡的味道，咖啡师们想方设法将咖啡变成更容易让人接受的饮料，于是，越来越多的特调咖啡就出现了。

下面是几种特调咖啡的做法，让我们一起来学习如何制作吧！

任务实施

1. 开心果Dirty

配料表：开心果酱1小勺、冰牛奶200g、浓缩咖啡液30g、开心果果仁。

开心果Dirty

制作步骤：

步骤1：舀入一勺开心果酱，加入200g的冰牛奶中。

步骤2：使用电动奶泡器或是蛋抽、法压壶等用于搅拌的工具，将开心果酱与冰牛奶充分融合，保持耐心，存在细微颗粒不影响饮用体验。

步骤3：萃取30g坚果风味的浓缩咖啡液，缓缓倒入杯中，随意撒上一些开心果碎便完成制作。

2. 巧克力肉桂热拿铁

配料表：可可粉10g、热牛奶200g、肉桂粉5g、浓缩咖啡液30g、肉桂棒1根。

制作步骤：

步骤1：将可可粉10g与肉桂粉5g混合，加入少量的热水将其搅拌成熔融状态。

步骤2：萃取坚果味浓缩咖啡液30g。并将其与肉桂可可酱搅拌至融合。

步骤3：将200g牛奶加热至60℃左右，使用电动奶泡器将牛奶打发出绵密泡泡。

步骤4：将咖啡可可肉桂混合液倒入牛奶中，并在奶泡上筛一层可可粉，再将肉桂棒放入奶泡中即可。

3. 酒心草莓枕头

配料表：草莓榨汁100g、手冲咖啡225g、奶油50g、朗姆酒2g、香草糖浆5g。

制作步骤：

步骤1：将新鲜的草莓洗净并榨成果浆，将其滤出100g草莓汁，用三四颗草莓切丁备用。

步骤2：以1:15的粉水比例制作一杯手冲咖啡，建议使用酸甜苦较均匀的中度烘焙咖啡豆。

步骤3：用电动奶泡器打发50g奶油，并加入2g朗姆酒和5g香草糖浆进行调味，打发至微稠酸奶状再混入适当的草莓粒。

步骤4：将手冲咖啡与草莓果汁倒入杯中，缓缓倒入朗姆草莓味的奶油，最后点缀上草莓片和迷迭香即可。

4. 冻梨乌龙冰咖啡

配料表：冻梨1～2颗（榨汁100g）、浓缩咖啡液30g、乌龙茶70g。

冻梨乌龙冰咖啡制作

制作步骤：

步骤1：将1～2颗冻梨自然化冻，或是在常温水中浸泡十几分钟，用手捏捏看是否软透了。切成小瓣，留一瓣最后做装饰。

步骤2：等待冻梨化冻期间，冲一小杯乌龙茶放凉备用，使用茶叶7～8g。

步骤3：化冻完成后，萃取新鲜浓缩咖啡液约30g，咖啡豆风味均衡即可，避免喧宾夺主。

步骤4：在杯中加入七八成冰，将冻梨汁挤入，没过杯子一半，再倒入乌龙茶，淋上浓缩咖啡液，放上一小瓣冻梨装饰，建议找根长吸管搅拌着喝。

巧克力肉桂热拿铁

酒心草莓枕头

冻梨乌龙冰咖啡

5. 梅酒冰摇茶咖

配料表：梅酒40mL、浓缩咖啡液30g、茉莉绿茶100g、香草糖浆5g、冰块适量。

制作步骤：

步骤1：冲一小杯茉莉绿茶放凉备用，茶叶7～8g。

步骤2：萃取浓缩咖啡液约30g。

步骤3：雪克壶中加七八成冰，加入40mL梅酒、5g香草糖浆、100g茉莉绿茶及刚萃取的30g浓缩咖啡液，用力摇晃出琥珀色“海浪”，过滤入杯，杯中放一颗冰球好喝加倍。

6. 浆果森林冰咖

配料表：车厘子（榨汁100g）、浓缩咖啡液30g、朗姆酒5g、香草糖浆3g、冰块适量。

制作步骤：

步骤1：车厘子清洗去核，用榨汁机打成果浆（越细越好），可加少许柠檬汁预防氧化变色。

步骤2：萃取浓缩咖啡液约30g，建议选用巧克力坚果风味的拼配咖啡豆。

步骤3：雪克壶中加七八成冰，加入约100g车厘子汁、5g朗姆酒、3g香草糖浆及刚萃取的30g浓缩咖啡液，用力摇晃出酒红泡泡，即可入杯，再点缀颗车厘子就大功告成。

梅酒冰摇茶咖

浆果森林冰咖

学习评价

根据所学知识技能，进行任务实施，并开展师生评价。

评价项目	分数	学生自评（50%）	教师评分（50%）	总分
了解何为特调咖啡	10			
熟悉特调咖啡适配的香料	10			
配料准备充分合理	20			
制作步骤条理清晰	20			
特调成品风味俱佳	20			
学习态度端正、遵守纪律	10			
能进行团队协作、相互沟通	10			
合　计	100			

拓展阅读　咖啡杯的选择

1. 咖啡杯的材质

陶杯的质朴，与瓷杯的圆润，分别标志着不同的咖啡态度。

（1）陶杯　质感浑厚，适合深度烘焙且口感浓郁的咖啡。

（2）瓷杯　最为常见，能恰好地诠释咖啡的细致香醇。其中，用高级瓷土混合动物骨粉烧制成的骨瓷咖啡杯，质地轻盈、色泽柔和，密度高，保温性好，可以使咖啡在杯中更慢地降低温度，是最能表现出咖啡风味的绝妙选择。

项目六

2. 咖啡杯的尺寸

咖啡杯的尺寸，一般分为三种。

（1）小型咖啡杯（60～80mL） 适合用来品尝纯正的优质咖啡，或者浓烈的单品咖啡，虽然几乎一口就能饮尽，但徘徊不去的香醇余味，最显咖啡的精致风味。

（2）正规咖啡杯（120～140mL） 常见的咖啡杯，一般喝咖啡时多选择这样的杯子，有足够的空间，可以自行调配，添加奶末和糖。

（3）马克杯或法式欧蕾专用牛奶咖啡杯（300mL以上） 适合加了大量牛奶的咖啡，像美式摩卡多用马克杯。

3. 咖啡杯的颜色

咖啡的颜色呈清澈的琥珀色，为了将这种特色表现出来，最好用白色内壁的咖啡杯。虽然有些咖啡杯内壁涂上了各种颜色，甚至描上了细致的花纹，使杯子在摆放时很好看，但往往会影响到借由咖啡的颜色来分辨咖啡冲泡完成的情况以及品质的好坏。

4. 咖啡杯与红茶杯的区别

红茶杯与咖啡杯容易让人混淆，我们可以从形状、尺寸等细节上来区分红茶杯与咖啡杯。

（1）红茶杯 为了使红茶的香味能扩散开来，并且方便欣赏红茶的色泽，红茶杯一般杯底较浅，杯口较广，透光性也较高。

（2）咖啡杯 需要让咖啡在杯内保持一定的温度，所以与红茶杯相比，咖啡杯的杯口较窄，材质较厚，透光性较低。

5. 咖啡杯的清洗

（1）质地优良的咖啡杯，杯面紧密，毛孔细小，不易附着咖啡垢，饮用完咖啡后，只要立即以清水冲洗，即能保持杯子的清洁。

（2）长期使用或用完后未能马上冲洗的咖啡杯，容易使咖啡垢附着于杯子表面，可将杯子放入柠檬汁中浸泡，以去除咖啡垢。如果还不能将咖啡垢彻底清除，则可使用中性洗碗剂，沾在海绵上，轻轻地擦拭清洗，最后再用清水冲净。

（3）在咖啡杯的清洗过程中，千万不能使用硬质的刷子刷洗，也要避免使用强酸、强碱的清洁剂，咖啡杯的表面刮伤受损会影响饮用的体验。

讨论交流

讨论1：还有哪些适配特调咖啡的香料？

讨论2：制作特调咖啡的注意事项有哪些？

讨论3：小组讨论如何制作一款有特色、有情怀的独创特调咖啡呢？

实训练习

1. 特调咖啡可以大致分为三类，分别是（　　）、（　　）以及（　　）。

A. 口味特调咖啡　　B. 手法特调咖啡

C. 搭配类型特调咖啡　　D. 风味特调咖啡

2. 特调可以让咖啡延伸出风味轮以外的（　　），也解决了部分人对咖啡的酸苦味道不适应的问题。

A. 嗅谱　　B. 味谱　　C. 视谱　　D. 触感

3. 蜂蜜作为一种特调咖啡香料，其中包括抗氧化剂、矿物质和（　　）。
A. 胡萝卜素　　B. 维生素　　C. 有机质　　D. 无机质

任务四　花式咖啡制作

任务目标

- 了解花式咖啡的概念及种类。
- 熟悉花式咖啡的基础知识。
- 掌握花式咖啡的制作步骤及技巧。

理论知识

一、花式咖啡的概念

所谓花式咖啡，就是利用奶泡和咖啡将各种图案和形状“画”在咖啡上。

花式咖啡由一些咖啡师发明，最早是在调制咖啡的时候产生的一些奶泡自然形成的花样，后经咖啡师们逐渐演变为现在丰富多彩、生动形象的各类图案，并逐渐发展为一门技艺。

除了美观之外，花式咖啡还有一种间接的效益，那就是增加了享受咖啡的乐趣。每一杯花式咖啡都是独一无二的，不同的图案和形状都代表着不同的故事。喝一杯花式咖啡，不仅可以让人享受到咖啡带来的独特口感，更可以欣赏到其中的艺术，感受到咖啡师的手艺和匠心。总的来说，花式咖啡是一道充满艺术气息的饮品，它不仅可以满足人们的味蕾，更能够给人带来愉悦和享受。

二、花式咖啡的种类和特点

花式咖啡种类繁多，其中较为常见的有卡布奇诺、拿铁、摩卡等。卡布奇诺以牛奶与浓缩咖啡的比例1:1为标准，奶泡覆盖咖啡表面，形成了美丽的艺术图案；拿铁是通过将两份浓缩咖啡液和250mL的蒸煮牛奶混合而成，若在拿铁中加入香草糖浆和焦糖酱，则成为香草焦糖拿铁；而摩卡是将一份浓缩咖啡液与热巧克力混合而成，口感浓郁甜美。除了以上常见的花式咖啡，还有美式旋风、海盐焦糖玛奇朵、抹茶拿铁等特色的花式咖啡。

不同种类的花式咖啡有着不同的特点。卡布奇诺的奶泡为其特色，使得咖啡口感更细腻、柔和，而浓缩咖啡的味道也因此显得纯粹、浓郁；拿铁在增加咖啡口感的同时，还能减少咖啡因的含量，比卡布奇诺更适合喜欢咖啡却不喜欢咖啡因的消费者；而摩卡则是巧克力与咖啡的巧妙结合，口感可口、香醇，尤其适合女性消费者。

知识卡片　花式咖啡专业术语

（1）风味（Flavor）　对香气、酸度与醇度的整体印象。
（2）酸度（Acidity）　所有生长在高原的咖啡所具有的酸辛强烈的特质。
（3）醇度（Body）　饮用咖啡后，舌头留有的口感。醇度的变化可分为淡薄、中等、高等、脂状。

（4）气味（Aroma） 咖啡调配完成后所散发出来的气息与香味。用来形容气味的词包括焦糖味、炭烤味、巧克力味、果香味、草味、麦芽味等。

（5）苦味（Bitter） 苦是一种基本的味觉，感觉区分布在舌根部分。深度烘焙的苦味是刻意营造出来的，但常见的苦味产生原因是咖啡粉用量过多，而水太少。

（6）清淡（Bland） 生长在低地的咖啡豆制成的咖啡口感通常清淡、无味。咖啡粉分量不足而水太多的咖啡也会造成同样的清淡效果。

（7）咸味（Briny） 咖啡冲泡后，若是加热过度，将会产生一种咸的味道。

（8）温和（Mild） 用来形容某种咖啡具有调和、细致的风味。

（9）发酸（Sour） 发酸是浅度烘焙咖啡的特点。

（10）香甜（Sweet） 本质上像是水果味，与酒味也有关。

（11）狂野（Wild） 形容咖啡具有极端的口味特性。

任务介绍

将咖啡作为基底，除了加入酒精以外，如何将水果、果汁、糖浆等各种原料加入咖啡变化出截然不同的滋味呢？接下来我们一起来学习花式咖啡的制作吧！

任务实施

1. 抹茶卡布制作

配料表：浓缩咖啡液30mL、抹茶粉10g、牛奶200mL。

抹茶卡布

制作步骤：

步骤1：将抹茶粉倒入杯中。

步骤2：将萃取意式浓缩咖啡液倒入杯中。

步骤3：将牛奶加热至65℃，用手拉式奶泡壶打发奶泡，倒入杯中至十分满。

步骤4：最后撒入适量的抹茶粉在冷奶泡表面即可。

2. 香草蛋白糖制作

配料表：浓缩咖啡液30mL、香草糖浆10mL、牛奶200mL、蛋白糖适量。

香草蛋白糖

制作步骤：

步骤1：将香草糖浆倒入杯中。

步骤2：将萃取的意式浓缩咖啡液倒入杯中。

步骤3：将牛奶加热至65℃，用手拉式奶泡壶打成牛奶泡，倒入杯中至八分满。

步骤4：最后将蛋白糖放在牛奶泡上，用作装饰即可。

3. 莓果咖啡制作

配料表：经过蜜处理的哥斯达黎加咖啡豆15g、莓果浓缩液50mL、牛奶50mL、蜂蜜糖浆10mL、冰块少许。

莓果咖啡制作

制作步骤：

步骤1：将哥斯达黎加咖啡豆用手冲方式萃取，以冷缩法处理。
步骤2：将蜂蜜糖浆、莓果浓缩汁倒入装有冰块的杯中。
步骤3：将咖啡以分层法倒入杯中至九分满即可。

4. 幸福零食派对制作

配料表：浓缩咖啡液30mL、牛奶100mL、焦糖糖浆10mL、蜂蜜10mL、棉花糖少许、爆米花少许。

制作步骤：

步骤1：将焦糖糖浆、爆米花、倒入杯中。
步骤2：萃取意式浓缩咖啡液后，倒入杯中备用。
步骤3：将加热过的牛奶用手拉式奶泡壶打出奶泡。
步骤4：将热的牛奶泡倒入杯中。
步骤5：挤上蜂蜜，并放上棉花糖和爆米花装饰即可。

5. 焦糖花式咖啡

配料表：焦糖酱、全脂牛奶100mL、浓缩咖啡液30mL、奶油40g、白糖8g（打发奶油用）、焦糖饼干、冰块。

焦糖花式咖啡制作

制作步骤：

步骤1：将萃取的咖啡液倒入杯子中。
步骤2：将全脂牛奶打出奶泡后倒入咖啡液中。
步骤3：将咖啡与牛奶混合均匀，然后淋入焦糖酱。
步骤4：淡奶油加入白糖打发至干性发泡，装入裱花袋中备用。
步骤5：加入适量冰块，然后用裱花袋挤入奶油。
步骤6：最后往挤好的淡奶油上淋上焦糖酱，放入焦糖饼干即可。

莓果咖啡

幸福零食派对

焦糖花式咖啡

学习评价

根据所学知识技能，进行任务实施，并开展师生评价。

评价项目	分数	学生自评（50%）	教师评分（50%）	总分
了解花式咖啡的概念	10			
熟悉花式咖啡的种类	10			
配料准备充分合理	20			
制作步骤条理清晰	20			
特调成品风味俱佳	20			
学习态度端正、遵守纪律	10			
能进行团队协作、相互沟通	10			
合　计	100			

拓展阅读　咖啡师所需具备的品质

咖啡师应该形象良好，举止大方，口齿清晰。形象举止不佳的咖啡师会对咖啡馆整体消费气氛的营造产生负面影响。

咖啡师必须精通咖啡相关的理论知识，了解常见咖啡豆的特性，把握咖啡拼配的精髓，只有这样才能对日常的咖啡制作有较好的掌握。

咖啡师应该具备良好的悟性。不同的咖啡豆、果酱、果汁，甚至巧克力、奶油等都各具特性，如何从成百上千种主料辅料中挑选出合适的调配在一起创造出绝佳的风味，这不仅需要经验和阅历，还要有一定的“悟性”。

咖啡师应该有良好的服务意识。咖啡店属于餐饮行业，也是服务行业。相关从业者均需要具备时刻为顾客服务的意识，不仅要能调制咖啡，还要有独立外场服务能力。

咖啡师还应热爱本职工作，充满热情和活力，具备自我学习、不断创新的能力。

讨论交流

讨论1：制作花式咖啡的注意事项有哪些？

讨论2：小组讨论、搜集花式咖啡品尝的饮用小贴士有哪些。

实训练习

1. 尤其适合女性消费者的花式咖啡是（　　）。

   A. 卡布奇诺　　B. 拿铁　　C. 摩卡咖啡　　D. 美式

2. （　　）是具有东方韵味的咖啡。

   A. 卡布奇诺　　B. 绿茶咖啡　　C. 摩卡咖啡　　D. 美式

3. 咖啡风味是对香气、酸度与（　　）的整体印象。

   A. 甜度　　B. 苦味　　C. 醇度　　D. 口感

项目七

咖啡健康与礼仪

项目提要

本项目主要讲解有关咖啡对人体健康的相关影响以及品尝咖啡需要注意的礼仪问题。学习咖啡健康知识及咖啡中的营养物质，可以了解如何更好、更健康地饮用咖啡。学习相关礼仪，掌握注意事项，培养咖啡专业素养。

项目内容

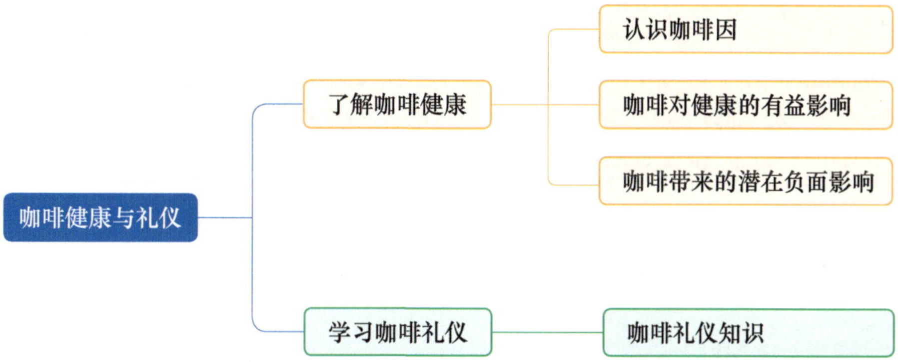

引入案例

对于很多爱喝咖啡的人来说，新的一天是从一杯香气四溢的现磨咖啡开始的。

在商务活动中，这种比较正式的场合里，喝咖啡对于一些商务人员来说有时候是免不了的，这时就要懂得一些有关喝咖啡的礼仪。比如，怎么拿咖啡杯、咖啡匙怎么用、杯碟怎么拿，等等。正确地在商务场合中展现喝咖啡的礼仪能够给对方留下优雅、有品位的印象。

阅读思考：

1. 商务场景与生活场景中喝咖啡的礼仪有何不同？
2. 观察影视作品中咖啡出现的场景及喝咖啡的礼仪。

任务一　了解咖啡健康

任务目标

- 了解咖啡因与咖啡健康的相关知识。
- 掌握咖啡因对人体健康的利与弊。

理论知识

一、认识咖啡因

咖啡因是一种较轻微的兴奋剂，在我们日常中的茶、可可、可乐等饮品以及巧克力等食品中均含有较少量的咖啡因。它可以加速人体的新陈代谢，使人保持头脑清醒和思维灵敏。咖啡这一“提神”功效受到很多人欢迎。

咖啡因可以在人体内部停留几个小时，对身体的影响因人而异。有些人在晚间饮用了咖啡会失眠，也有些人饮用过多的咖啡就会神经紧张、过度亢奋，但也有很多人不会受到丝毫影响。只有了解了人体对咖啡因的反应，我们才可以用它来满足自身的需要。

咖啡中的咖啡因难溶于冷水，却易溶于热水。它会刺激大脑皮质，消除睡意，增强触觉与思考力，同时也有调整心脏机能、扩张血管、利尿等作用。然而，含有咖啡因成分的不仅只有咖啡，通常一杯100mL的咖啡含有咖啡因60～65mg，绿茶有200～300mg，红茶350～400mg，可可约有100mg。摄取过多的咖啡因容易发生耳鸣、心脏机能亢进（心脏跳动迅速、脉搏次数增加），及脉搏跳动不均，所以必须适量饮用咖啡等饮品。

二、咖啡对健康的有益影响

咖啡可以说是一种传统饮品，对于很多人来说，他们喜欢咖啡香醇的口感，实际上除了提升口感以外，咖啡中还含有不少的有益物质。除了大家熟知具有提神作用的咖啡因之外，还含有一定量的多酚类物质，这些物质具有超强的抗氧化作用，能够起到抗氧化、清除自由基的作用，同时咖啡中也含有一定量的脂肪、蛋白质、类黑色素、维生素等营养物质。

1. 提神醒脑

人们爱喝咖啡，主要看中咖啡提神醒脑的作用，咖啡中的咖啡因能够增强身体的能量，提升情绪，让人更好地保持专注力并处于兴奋状态。当工作较长时间时，饮用一杯咖啡，对于提升精神状态、改善疲劳都有不错的效果。但要注意的是，虽然身体不会贮存咖啡因，但摄入后的6h内咖啡因都会对人体产生影响，比如有碍睡眠等。因此，要注意适量摄入，饮用过多反而可能会给人体带来负面影响。

2. 提升运动表现

如果要进行耐力运动，比如长跑、骑行或游泳等运动时，咖啡因以及咖啡中的其他营养能够有助于提升身体的耐力，减少肌肉的疲劳感和运动后的疼痛感。通常，两杯咖啡提供的咖啡因（200～400mg）就足以有助于提升人体的运动能力。咖啡因可以通过促进身体制造和补充糖原，来帮助身体在剧烈运动后更快地恢复。

3. 改善肠道菌群健康

很多人都有这样的经验，经常喝咖啡能够有助于改善通便问题。咖啡的确具有刺激肠道蠕动、改善肠道菌群的作用。相比于不喝或较少喝咖啡的人，经常喝咖啡的人的肠道菌群会更健康。

议一议

你喜欢喝咖啡吗？为什么喜欢喝咖啡？和你周围的同学交流一下吧！

三、咖啡带来的潜在负面影响

虽然喝咖啡带来的好处有不少，但咖啡对于人体的影响也绝非全是正面影响，有些情况下，特别是过量摄入咖啡的情况下，咖啡可能会给身体带来诸多的负面影响。

1. 大量饮用咖啡可能会影响睡眠

咖啡因进入人体后会很快排泄，但它对人体的影响时间却可以长达6h，有些对咖啡因敏感的人群受到的影响可能更大，有研究表明，对于老年人，特别是有睡眠障碍的老年人，这种影响会更大。

因此，在晚上甚至是下午，都应该尽量地避免喝含有咖啡因的饮品，除了咖啡以外，茶、奶茶等饮品中也可能含有大量的咖啡因，应多加注意。

2. 过量饮用咖啡会影响心率

咖啡因是一种兴奋剂，它除了能够提神醒脑之外，还会提升心率，对于大多数人来说，这种心率的提升不会有太大影响，但如果摄入过多的咖啡因，或对咖啡因较为敏感的人，则可能会引起心率升高，出现心慌、心悸等不适症状。对于有这种问题的人群，特别是本身就有心率较快风险的人群，应该注意减少咖啡的摄入。

3. 出现戒断性的头痛

如果每天都喝咖啡的人，突然停止喝咖啡，则可能会因身体忽然减少了咖啡因的摄入而引起反弹性的“头痛”症状，但是这种反应因人而异。

4. 血压升高

喝咖啡会使血压出现短时间的升高，有些特殊情况下，还可能会导致血压的长期升高，同时喝咖啡还会导致身体分泌更多的肾上腺素，也会使血压进一步升高。因此，对于有高血压或心脏病问题的人群，如果同时又对咖啡的升压作用较为敏感的话，一定要注意喝咖啡可能带来的潜在负面影响。

除此之外，大量的饮用咖啡，还会影响身体对于矿物质的吸收。有研究发现，每天喝两杯以上咖啡的女性比不喝咖啡的女性，发生骨质疏松的风险会大大升高。因此，对于喝咖啡这件事，也要注意适量，不可长期大量地喝。

知识卡片 健康饮用咖啡的小技巧

首先，应该尽量避免选择质量没有保证的速溶咖啡，这些咖啡中不但健康成分少，还可能含有反式脂肪等不健康成分，长期喝这样的咖啡，对身体健康会更加不利。

注意适量仍然要继续强调，咖啡喝多少不会影响健康呢？这取决于我们的体重、饮食以及身体健康状况。相关研究指出，对于健康成年人来说，每天摄入不超过400mg的咖啡因通常都是安全的，也不会带来较大的健康风险，而如果摄入更多，或者身体对咖啡比较敏感的情况下，可能会导致胃部不适、头痛、心悸等，应该多加注意。

喝咖啡要注意控制好温度。不管是咖啡还是其他的饮食，过度追求“趁热”，可能会烫伤消化道黏膜，带来长期慢性炎症甚至是癌症风险的增加，因此，对于喝咖啡来说，也要注意适宜的温度，一般40℃左右是不错的温度，如果超过65℃，则会带来较大的健康危害。

咖啡还可能对药物的吸收代谢产生影响，因此，在服用药物期间，要更加注意喝咖啡可能产生的不良影响。很多药物，包括抗抑郁药物、雌激素、甲状腺激素以及抗骨质疏松治疗的药物等，都可能受到咖啡的影响，而我们常服的一些复方感冒药中，含有麻黄碱成分，服药期间更要注意避免喝咖啡，这两种药物都有刺激神经兴奋的作用，叠加作用还会大大增强，容易导致出现“药物过量”的风险。

任务介绍

请同学们深入了解咖啡对人体的影响（利与弊），找出影响人体健康的主要成分是什么，整理不同成分对人体的不同影响，梳理成表格在小组间交流讨论。

任务实施

操作步骤

步骤一：梳理本项目中的有关知识，还可以在网络上进行相关资料的查询，做到知识的系统性穷尽。

步骤二：在所得资料中勾画重点，找到影响人体的主要咖啡成分有哪些。

步骤三：按照归纳的主要方面，罗列相应的对人体产生的影响，形成表格。

任务名称	
小组成员	
咖啡因对人体的相关影响（利/弊）	1.
	2.
	3.
	4.
咖啡饮用的注意事项	1.
	2.
小组总结	

学习评价

根据所学知识技能，进行任务实施，并开展师生评价。

评价项目	分数	学生自评（50%）	教师评分（50%）	总分
了解咖啡因的特点以及对人体健康的影响	20			
熟悉咖啡因对人体健康的利与弊	20			
掌握咖啡对健康的潜在风险	20			
学习态度端正、遵守纪律	20			
能进行团队协作、相互沟通	20			
合　计	100			

拓展阅读　咖啡产业新动态

需求侧拉动与供给侧升级，共同推动中国咖啡行业步入超速发展阶段。《2023中国城市咖啡发展报告》显示，中国咖啡作为咖啡消费的新兴力量，复合增长率高达12.5%，发展潜力巨大。从产业链结构来看，咖啡产业上游涉及咖啡豆的种植、采摘和初加工，中游涉及咖啡豆的深加工，下游则涉及不同咖啡成品下的各类品牌。

在上游，对品质起决定作用的“精品咖啡豆”成为争夺焦点。一方面，品牌玩家奔赴全球寻求优质产区。另一方面，云南的精品咖啡豆突出重围，通过政府积极扶持、沪滇合作、品牌的产业链布局，云南豆的精品化进程加速，成为本土精品豆的代表。

在中游，星巴克、瑞幸等头部品牌通过自建烘焙工厂开启自供新局面，探索B端业务增长的同时实现品牌资产的沉淀。而针对小微精品或行业新玩家，共享烘焙工厂应运而生，如上海六号工厂就能满足小体量、高品质的烘焙需求。

在下游，咖啡赛道的火热驱动新兴品牌持续入局。新一轮咖啡消费品质化升级，对专业咖啡师也提出更高的要求，趋向标准化、精品化。

位列中国咖啡城市之首的上海，成为孕育本土咖啡品牌成长的“摇篮”。浓厚的咖啡文化氛围、蓬勃的咖啡消费需求下，Manner、M Stand、Seesaw等精品现磨咖啡品牌均起家于此，而三顿半、永璞等线上品牌也选择上海作为其“上街”的第一站。

讨论交流

讨论1：咖啡因是如何影响人体健康的？

讨论2：与咖啡因作用类似的物质还有哪些？

实训练习

1. 通常一杯100mL的咖啡含有咖啡因（　　）mg。

   A. 50～55　　B. 55～60　　C. 60～65　　D. 65～70

2. 适量喝咖啡的好处是（　　）。

   A. 美容美白　　B. 改善肠道菌群健康

   C. 益寿延年　　D. 提高睡眠质量

3. 咖啡因会带来的潜在负面影响有（   ）。
   A. 延缓更年期 B. 影响睡眠 C. 舒缓心情 D. 调节心率
4. 饮用咖啡如果超过（   ）℃，会带来较大的健康危害。
   A. 50 B. 55 C. 60 D. 65

任务二　学习咖啡礼仪

任务目标

- 熟悉咖啡的礼仪与注意事项。
- 掌握饮用咖啡的重要礼仪。
- 规避咖啡礼仪中的禁忌行为。

咖啡礼仪知识

理论知识

咖啡最初在北非被发现并作为饮料时，当地人只是很自然地喝它并无太多讲究。后来它被传入阿拉伯国家之后，开始作为一种普遍饮品被大众接受。随着社会的发展，咖啡的普及度越来越高，喝咖啡也逐渐形成了一套完整的礼仪规范。尤其是在咖啡馆或是社交场合，遵守咖啡礼仪尤为重要，如端咖啡杯的姿势、咖啡匙的使用等都有相应的礼仪规范。了解咖啡礼仪、掌握优雅地饮用咖啡的技巧方法，是一个人综合素质的外在体现。

1. 喝咖啡的步骤

（1）闻香　体尝一下咖啡扑鼻而来的原香。

（2）观色　咖啡最好呈现深棕色，而不是一片漆黑，深不见底。

（3）品尝　先喝一口咖啡，感受一下原味咖啡的滋味，咖啡入口不要急于将咖啡一口咽下，应暂时含在口中，让咖啡的香气自鼻腔呼出，然后再将咖啡咽下。品尝咖啡时，最好能一口咖啡一口冷水，这样每次都能喝到新鲜的口味，冷水是用来含在口中漱口一下。

2. 喝咖啡的礼仪

（1）拿咖啡杯的方式　在餐后饮用的咖啡，一般都是用袖珍型的杯子盛出。这种杯子的杯耳较小，手指无法穿出去。但即使是用较大的杯子，也不要用手指穿过杯耳再端杯子。咖啡杯的正确拿法应是拇指和食指捏住杯把儿再将杯子端起。

（2）给咖啡加糖的技巧　给咖啡加糖时，砂糖可用咖啡匙舀取，直接加入杯内，不过现在独立小包装的砂糖包非常便于操作了；也可先用糖夹子把方糖夹在咖啡碟的近身一侧，再用咖啡匙把方糖加在杯子里。如果直接用糖夹子或手把方糖放入杯内，有时可能会使咖啡溅出，从而弄脏衣服或台布，是极不礼貌的行为。

（3）使用咖啡匙的注意事项　咖啡匙是专门用来搅拌咖啡的，饮用咖啡时应当把它取出来。不要用咖啡匙舀着咖啡一匙一匙地慢慢喝，也不要用咖啡匙来捣碎杯中的方糖。搅过咖啡的匙，上面都会沾有咖啡，应轻轻顺着杯子的内缘将汁液擦掉，绝不能拿起匙甩动，或用舌头舔咖啡匙。用过的匙最好放在托盘的内侧，以免端起咖啡杯时碰落。标准的搅拌手法是将咖啡匙立于咖啡杯中央，先顺时针由内向外画圈，到杯壁再由外向内逆时针画圈至中央，然后重复同样的手法，这种方法令咖啡浓淡均匀。

（4）咖啡杯碟的使用　很多人可能会按照喝茶的礼仪来喝咖啡，用手或杯碟托着咖啡杯喝，这其实是错误的做法。正确的喝法应该放下杯碟，只端着咖啡杯喝。饮咖啡时可以吃一些点心，但不要一手端着咖啡杯，一手拿着点心，吃一口喝一口地交替进行。饮咖啡时应当放下点心，吃点心时则放下咖啡杯。咖啡的饮用一般来说，趁热品尝他人为你端上来的咖啡，是喝咖啡的基本礼节。

知识卡片　饮用咖啡的禁忌

（1）茶叶和咖啡中的单宁酸会让钙吸收降低。所以，喝茶和喝咖啡的时间，最好是选在两餐当中。

（2）孕妇不宜饮用咖啡。含咖啡因的饮料和食品，容易让孕妇产生恶心、呕吐、头痛、心跳加快等症状，同时，咖啡因还会通过胎盘进入胎儿体内，影响胎儿发育。

（3）想减肥的人不要多饮咖啡。常见的咖啡伴侣中含有较多的奶类、糖类和脂肪，过多饮用咖啡不但不能使人减肥，还会使人发胖。

（4）儿童不宜喝咖啡。咖啡因可以兴奋儿童的中枢神经系统，干扰儿童的记忆，造成儿童多动症。浓茶、咖啡、含碳酸盐的饮料也是形成消化道溃疡病的危险因素。

任务介绍

请同学们掌握咖啡礼仪知识，学习饮用咖啡的基本步骤和有关技巧，小组内可开展咖啡礼仪技能比拼，组织评审小组制定评价标准为小组成员咖啡礼仪考核打分，评判组员的礼仪是否规范。

任务实施

操作步骤

步骤一：按照班级人数大致分为五个小组，每个小组人数均等，组内评选一个组长、一个副组长，负责组织组内成员的小组活动。

步骤二：组内学习、熟悉咖啡礼仪的知识和禁忌，总结喝咖啡的操作要点，并在小组内讨论制定咖啡礼仪的评价标准。

步骤三：组内成员进行学习成果展示，注意坐姿、仪态等，按照咖啡规范进行演示，小组内对参演成员进行评价打分，总结优点与不足。

步骤四：每一个小组在组内选拔一位优秀成员参与班级展示与评分，选取前三名作为本节课堂内容成果研修的优胜者并可适当给予奖励。

学习评价

根据所学知识技能，进行任务实施，并开展师生评价。

评价项目	分数	学生自评（50%）	教师评分（50%）	总分
了解咖啡饮用的小知识	10			
熟记饮用咖啡的注意事项	20			
能够熟练掌握饮用咖啡的技巧	20			
熟悉咖啡饮用的基本礼仪	20			
能够展示咖啡饮用的步骤	10			
对于咖啡的学习态度积极	10			
能进行团队协作、相互沟通	10			
合　计	100			

拓展阅读　中国的饮茶礼仪

中国人饮茶，注重一个“品”字。“品茶”不仅是鉴别茶的优劣，也带有神思遐想和领略饮茶情趣之意。在百忙之中泡上一壶浓茶，择雅静之处，自斟自饮，可以消除疲劳、涤烦益思、振奋精神，也可以细啜慢饮，达到美的享受，使精神世界升华。

谦和礼敬的处世哲学是“中国茶”的文化内核。尽管生活节奏加快，人们喝茶不再像过去那么讲究，但茶在中国人日常生活中无处不在。随着国潮在年轻人中的复兴，喝茶的场景也得以不断丰富和拓展。在社交以及婚庆、拜师、祭祀等重要场所，喝茶作为一种重要礼仪传承至今，影响持久而深远。谦和礼敬的处世哲学，在茶的推杯换盏中表达得淋漓尽致，充分释放中国茶文化的独特魅力，以此为载体也实现了中华优秀传统文化的传承。很多外国友人在品尝中国茶醇厚甜美的同时，也会爱上这种谦和礼敬的茶文化。向世界传递谦和礼敬的价值观，这正是“中国茶”的文化力量。

讨论交流

讨论1：饮用咖啡的具体步骤有哪些？是否能够再细化步骤？

讨论2：咖啡礼仪是否存在地域差异或民族差异？

实训练习

1. 喝咖啡的第一个步骤是（　　）。
   A. 闻香　B. 观色　C. 品尝　D. 加糖
2. 咖啡禁忌人群有（　　）。
   A. 年轻人　B. 女性　C. 孕妇　D. 男性
3. 标准的搅拌手法是将咖啡匙立于咖啡杯中央，先顺时针（　　）画圈。
   A. 由内向外　B. 内外向内　C. 从左向右　D. 从右向左
4. 茶叶和咖啡中的（　　），会让钙吸收降低。
   A. 咖啡因　B. 维生素　C. 有机质　D. 单宁酸

参考文献

[1] 姜红，王振东. 经典咖啡制作[M]. 北京：中国劳动社会保障出版社，2019.

[2] 张树坤. 咖啡鉴赏与制作[M]. 北京：中国轻工业出版社，2015.

[3] 郑万春. 咖啡的历史[M]. 哈尔滨：哈尔滨出版社，2007.

[4] 韩怀宗. 世界咖啡学：变革、精品豆、烘焙技法与中国咖啡探秘[M]. 北京：中信出版社，2017.

[5] 特里斯坦・斯蒂芬森. 终极咖啡指南[M]. 北京：北京联合出版公司，2015.

[6] 童铃. 咖啡原来是这样的啊[M]. 北京：中国轻工业出版社，2014.

[7] 韩怀宗. 咖啡学[M]. 北京：化学工业出版社，2013.

[8] 韩怀宗. 精品咖啡学[M]. 杭州：浙江人民出版社，2021.

[9] 张磊，吴昊. 咖啡制作[M]. 北京：中国轻工业出版社，2023.

[10] 席冬梅. 咖啡制作实务[M]. 北京：北京理工大学出版社，2024.